移动互联网数据防护技术丛书

丛书主编　徐国爱

移动终端操作系统安全威胁分析与防护

吴敬征　武延军　罗天悦
邵妍洁　赵　辰　　　　著

U0149739

北京邮电大学出版社
www.buptpress.com

内 容 简 介

移动终端的快速发展给人们的生活带来便利,已形成丰富完整的终端生态链。与此同时,移动终端高安全威胁也渗透进生活的每个角落。个人、企业乃至国家的信息安全受到严重威胁。本书旨在从技术的角度对移动终端系统安全威胁的分析与防护进行介绍。

本书针对移动终端操作系统安全威胁与防护的必要性及相关安全分析技术进行了详述。利用当下的先进技术,从代码建模、代码分析、隐蔽信道限制、恶意应用检测、权限滥用检测等不同角度提供保证移动终端系统安全的思路。

本书是一本安全领域技术类图书,主要面向有意从事移动终端安全领域及相关工作的读者,旨在多维度地对移动终端系统安全威胁的分析与防护进行介绍,与读者分享安全领域相关技术。希望本书的出版可以为我国在移动终端数据安全防护领域的发展做出贡献。

图书在版编目(CIP)数据

移动终端操作系统安全威胁分析与防护 / 吴敬征等著. -- 北京 : 北京邮电大学出版社, 2022.8

ISBN 978-7-5635-6618-1

Ⅰ. ①移⋯ Ⅱ. ①吴⋯ Ⅲ. ①移动终端-操作系统-安全技术 Ⅳ. ①TN929.53

中国版本图书馆 CIP 数据核字 (2022) 第 047268 号

策划编辑:马晓仟 **责任编辑:**满志文 **责任校对:**张会良 **封面设计:**七星博纳

出版发行:北京邮电大学出版社
社 址:北京市海淀区西土城路 10 号
邮政编码:100876
发 行 部:电话:010-62282185 传真:010-62283578
E-mail:publish@bupt.edu.cn
经 销:各地新华书店
印 刷:唐山玺诚印务有限公司
开 本:720 mm×1 000 mm 1/16
印 张:13.5
字 数:271 千字
版 次:2022 年 8 月第 1 版
印 次:2022 年 8 月第 1 次印刷

ISBN 978-7-5635-6618-1 定价:54.00 元

序

随着我国网络信息技术的高速发展,网络安全问题越来越突出,网络空间安全已上升为国家战略。《中华人民共和国国民经济和社会发展第十四个五年规划和2035 年远景目标纲要》中提到,要加强重要领域数据资源、重要网络和信息系统安全保障,加强网络安全关键技术研发,加快人工智能安全技术创新,提升网络安全产业综合竞争力,加强网络安全宣传教育和人才培养。由此可见,网络安全已成为国家、社会发展面临的重要议题。

移动互联网技术的高速发展给网络空间安全带来了新的挑战。在移动互联网数据安全防护技术中,智能终端存在新型攻击威胁和数据泄露风险,由此带来高安全数据防护难题;敏感数据被众多应用访问,导致隐私数据存在被恶意利用的风险;移动终端存在场景不受控、业务复杂、管控策略需求多样等特点,无法有效地对移动业务进行全生命周期的安全管理。当前,基于国产密码算法实现移动互联网数据安全防护成为研究的热点问题。

"移动互联网数据防护技术丛书"是在国家重点研发计划"网络空间安全"专项"移动互联网数据防护技术试点示范"项目(项目编号:2018YFB0803600)的研究与实施的基础上,结合已形成的标准、专利、论文等自主知识产权的理论成果所形成的。项目研究目标是从移动业务和终端安全需求出发,构建高性能、高安全等级、可动态扩展的移动业务国产密码保障体系,突破终端高安全威胁识别与数据防护、个人隐私保护、自适应安全管控等关键技术,研制数据防护与隐私保护技术方案,在移动高速视频云服务、移动业务管控和即时通信等领域应用示范。该丛书针对移动业务密码服务高速化、移动终端资源受限、安全环境复杂等特点,研究了国产密码保障体系对终端资源受限和云端高速加解密需求的支撑问题,构建了高性能、高安全等级、可动态扩展的移动业务国产密码保障体系;针对移动业务场景不受控、管控策略复杂、隐私保护需求多样等特点,研究了移动业务管控和隐私保护对开放融合环境的适应性问题,以实现多层级、自适应的安全策略管理机制和多维度、细粒度的隐私保护。

本丛书适用于网络空间安全及相关领域的本科生和研究生,以及从事与网络空间安全相关领域工作的科技工作者。

　　本丛书力图向读者介绍移动互联网数据防护中移动业务国产密码保障体系，移动终端系统安全威胁分析与防护，终端高安全威胁识别与数据防护，个人隐私保护，认证与密钥协商等最新的相关技术。希望通过本丛书的详细讲解能够逐步将读者引向相关的技术前沿。

中国人民解放军空军研究院　　王建华

前　　言

在过去的这二十年中,我们见证了移动终端的高速发展,也享受到了它们为我们的生活带来的巨大便利。不知不觉间,它们已经融入了我们衣食住行的各个方面,无论是逛街购物、去餐厅打卡,还是外出旅行预订车票及酒店、查找交通路线等,都可以通过不同的移动终端应用实现。

然而,近年来频发的安全事件也让我们不得不正视移动终端所带来的风险。一旦有不法分子通过利用系统漏洞等方式实现了对移动终端的攻击,用户的财产以及个人、企业甚至国家的信息安全就都会受到严重威胁。

维护移动终端安全并不是一件容易的事。从本质上来说,这是一件需要全社会共同努力的事情。上至国家,下至厂商、相关从业人员以及用户等,都需要扮演十分重要的角色:打击不法分子破坏终端安全的行为,提高安全技术标准,不断优化技术手段以及增强使用时的安全意识。本书旨在从技术的角度对移动终端系统安全威胁的分析与防护进行介绍。

我们深度参与了智能移动终端关键数据泄露防护和高安全鉴别技术研究工作,针对移动终端数据保护的需求,提出了终端高安全威胁识别、验证及追溯方法,突破内核多维度安全加固、国产密码算法与操作系统深度融合适配等技术,为实现终端攻击威胁抵抗与高安全防护体系做出了重大贡献。在这个过程中,我们形成了较为全面的针对终端安全的研究视角。

本书共分 12 个章节。第 1 章介绍了移动终端高安全威胁分析研究背景;第 2 章介绍了移动终端全球威胁研究现状;第 3 章介绍了移动设备安全分析技术综述;第 4 章介绍了基于细粒度切片和静态分析融合的漏洞检测方法;第 5 章介绍了基于注意力网络的终端代码安全静态分析方法;第 6 章介绍了基于复杂执行环境的终端安全动态分析方法;第 7 章介绍了基于权限项集挖掘的移动智能终端系统权限滥用检测方法;第 8 章介绍了基于权限控制机制的移动智能终端系统隐蔽信道限制方法;第 9 章介绍了基于有向信息流的移动智能终端隐私泄露恶意应用检测方法;第 10 章介绍了一种自动检测未捕获异常缺陷的方法;第 11 章介绍了基于流量挖掘的移动终端安全威胁分析方法;第 12 章介绍了移动终端高安全威胁情报分析及态势感知。

本书由吴敬征、武延军、罗天悦、邵妍洁、赵辰著。在本书的撰写过程中,我们需要特别向周琦文、芮志清、王丽敏、段旭、常逐阳、杜梦男表示感谢,感谢他们为我们提供了宝贵的文本材料。同时,也感谢郑森文、杨牧天、倪琛、吕泽的参与。

由于作者水平有限,书中不妥之处恐难避免,敬请广大读者批评指正,我们愿与广大读者深入交流、共同进步。

作　者

目　　录

第 1 章 移动终端高安全威胁分析研究背景

1.1　移动终端现状

　　移动终端即移动通信终端,可理解为在移动中使用的计算机设备,其移动性主要体现在移动通信能力和便携化体积[1]。广义上,移动电话、智能手机、平板电脑、掌上游戏机等均可作为移动终端,但通常情况移动终端代指智能手机、平板电脑等产品。

　　移动终端最早可追溯到传呼机,以补足固定电话的不便携处;之后发展出"大哥大"、"小灵通"、手机等移动终端。至 2007 年,苹果公司推出了 iPhone,智能化移动终端的出现改变了传统移动终端作为移动网络末梢的定位,成为互联网业务新兴平台。自此,移动终端开始拥有处理能力,从简单的信息传递工具演变为综合信息处理平台,拉开智能移动终端新时代的序幕。移动终端进入快速发展阶段。

　　图 1-1 展示了 2007—2017 年智能移动终端产品全球市场的增长情况。台式计算机、笔记本计算机稳定在较低水平波动,平板电脑在 2011 年涨幅接近 240%,2015 年增强现实(Augmented Reality,AR)/虚拟现实(Virtual Reality,VR)设备强势崛起,可穿戴设备在 2014 年增长幅为 200%,2015 年增幅为 170%,于 2017 年增幅回落到 38% 左右。

　　另一方面,自 2019 年发布第五代移动通信技术(5th Generation Mobile Communication Technology,5G)牌照以来,伴随 5G 终端商业化进程,移动终端市场再次踏上高速发展的列车。如图 1-2 所示,2020 年 5G 新上市机型累计达到 218 款,相比 2019 年增长近 6 倍。2020 年国内 5G 手机出货量大幅攀升,全年累计达 1.63 亿部,进入 2021 年,5G 手机占比已提升到近 70%。

　　随着信息技术的飞速发展,移动终端已与人们的生活密不可分。移动终端实

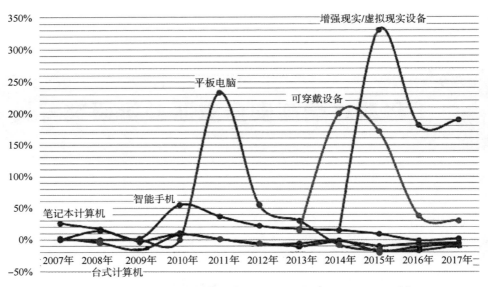

图 1-1　2007—2017 年智能移动终端产品全球市场的增长情况[2]

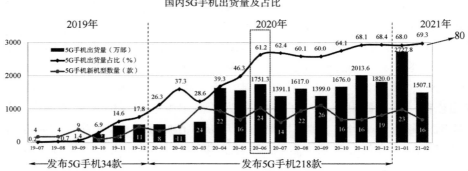

数据来源：中国信息通信研究院

图 1-2　国内 5G 手机出货量及占比[3]

验室公布的 5G 终端消费趋势报告显示：多样化终端形态正加速崛起，协同场景需求显著增加。以苹果公司的产品为例，从最初的智能手机、笔记本计算机，到后来推出便携平板、可监测健康的智能手表、无线耳机等，形成丰富完整的终端生态链。众多头部厂商现均已推出终端生态。

　　依靠丰富且完整的终端生态链，移动终端不仅可以实现通话、拍照、听音乐等传统功能，而且还可以实现包括定位、信息处理、指纹扫描、身份证扫描等功能，为用户提供了舒适和便捷。后续伴随着智能家居的火热及 VR 设备的开发，移动终端将进入稳定的发展阶段。

1.2　移动终端典型高安全威胁事件

移动终端已融合进日常生活的点滴,显著提高了用户的生活质量。而随着移动终端设备承载了越来越多的生产生活数据和个人隐私信息,其安全问题也逐渐显现,其安全攻击带来的后果也更为多样和严重。例如,数据泄露、推送广告的恶意软件、银行木马软件、移动终端系统漏洞等。移动终端安全已成为很多公司网络安全威胁来源的重点,以下是对移动终端典型高安全威胁事件的介绍。

1.2.1　数据泄露

据闪捷信息发布的《2019 年度数据泄露态势分析报告》知:2019 年,数据泄露在数据安全事件中所占比例最高,统计意义上达到了数据安全事件的 1/2。其中,个人信息在数据泄露类型中位居第三名。近年来,国内外用户数据泄露问题频发。

2018 年,国外大型社交平台 Facebook 先被爆出剑桥分析公司未经授权使用 8 700 名用户私人信息,随后官方再次通告,黑客利用漏洞可以随意登录近 3 000 万个用户账户并拿走任意数据;同年 6 月,国内二次元 AcFun 弹幕视频网发公告称近 1 000 万条用户数据被黑客窃取,并放在暗网售卖;随后暗网上爆出售卖顺丰、圆通等快递公司的用户数据,牵扯数量极大。另有 Adobe 被窃取 3 800 万个活跃账户及 300 万条加密信用卡记录、万豪国际酒店被黑客窃取约 5 亿客户的数据、前程无忧近 196 万名用户求职简历泄露等重大数据泄露事件,不胜枚举。

最常见的方法之一是网络钓鱼攻击,据亚太地区发布的 2019 年钓鱼网站处理简报显示:截至 2019 年 9 月,累计认定并处理钓鱼网站达 450 192 个。犯罪分子伪造相应的网页,利用具有欺骗性的电子邮件、短信、电话等联系方式进行诈骗活动,骗取用户的银行卡账户密码等个人信息进行牟利。常见的话术例如:"恭喜中奖""银行信息失效""积分兑换"等敏感信息,利用常见的人类感情进行诈骗获利。所以更需要用户在收到信息时进行真伪辨别,核对网站域名,比较网站内容,以防落入犯罪分子的圈套。

1.2.2　恶意软件

目前恶意软件是移动终端上被不法分子利用最多、对用户造成危害和损失最大的安全威胁。移动终端操作系统的多任务特性,为恶意软件在用户不知情的环境下运行提供了有利条件。

移动恶意软件的影响范围极大,对全世界都造成了威胁。而在移动智能终端快速发展的今天,小到个人隐私信息,大到国家安全建设,安全问题层出不穷,也因此移动终端安全的重要性愈发显现。

最常见的是推送广告的流氓软件。Android 系统(安卓系统)的官方应用商店 Google Play 对于应用程序(Application,App)的审核也相当严格,然而面对海量的 App,总会有漏网之鱼。部分推送广告的恶意软件应用程序被伪装成热门 App,当它们被下载后会显示广告内容,同时具有防止卸载的功能。

奇安信威胁情报中心在 2019 年移动安全总结报告中,列举了 2019 年在 Google Play 上发现的影响力较大的推送广告的恶意软件:2019 年 2 月,Google Play 上出现通过美颜相机下发流氓广告的软件,下载量 200 万次;同年 3 月,发现 206 款应用程序感染了一款名为"SimBad"的广告软件,本次受感染应用总下载量达到 1.5 亿次;其余还有通过摄影、游戏及滤镜等热门常用 App 推送广告的恶意软件。

另外一种常见的恶意软件是银行木马软件,相比于恶意广告软件,银行木马危害程度更高。Anubis 功能异常强大,自身结合了钓鱼、远控、勒索等功能,而且 Anubis 影响范围很大,活跃在 93 个不同的国家和地区,针对全球 378 家银行及金融机构。通过伪造覆盖页面、键盘记录以及截屏等不同手段窃取目标应用程序的登录凭证。远程控制窃取用户隐私数据、加密用户文件并进行勒索[4]。通过钓鱼邮件等方式诱导用户安装,首次运行时会通过伪装成系统安全服务来请求系统控制权限,以此来监控用户的操作及屏幕。

1.2.3　系统漏洞

智能终端开放了原本封闭的终端操作系统,使得终端与互联网的交互越来越便捷,终端操作系统作为其中重要的一环,其安全性至关重要。"网络军火商"Zerodium 开高价收购 Android 系统和 iOS 系统的 0-Day 漏洞(零日漏洞),然后转手卖给政府和执法机构等客户。如图 1-3 所示,2020 年 5 月 13 日,Zerodium 在官方推特中声明,由于短期内提交 iOS 漏洞太多,计划未来 2～3 个月内不再收购诸如 iOS 本地提权、Safari RCE 或沙箱等漏洞。

Zerodium ✔
@Zerodium

We will NOT be acquiring any new Apple iOS LPE, Safari RCE, or sandbox escapes for the next 2 to 3 months due to a high number of submissions related to these vectors.
Prices for iOS one-click chains (e.g. via Safari) without persistence will likely drop in the near future.

翻译推文

下午 8:05 · 2020/5/13 · Twitter Web App

603 转推　**393** 引用推文　**1146** 喜欢

图 1-3　Zerodium 官方推特声明

近年来 Android 系统的安全性超过了 iOS 系统,这个趋势早在 2019 年就得以预见。由图 1-4 可知,截至 2019 年 6 月,Android 系统发布了 86 个安全漏洞,与 2018 年的 611 个漏洞相比,数量急剧减少。但是在 2019 年发布的漏洞中,有 69％的漏洞被认为是严重漏洞。同时,iOS 共发现漏洞 155 个,是 Android 系统发现漏洞的近 2 倍。随着时间的推移,Android 系统的安全性有明显提升。不过,这场漏洞发现与修复的较量仍在激烈进行。

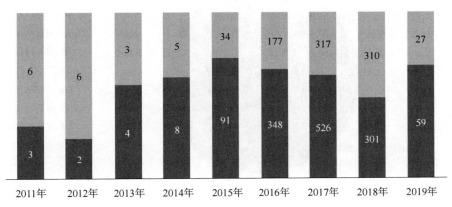

（a）Android系统中的安全漏洞数

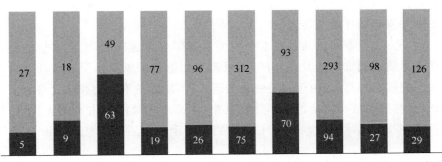

（b）iOS系统中的安全漏洞数

图 1-4　近年发布的安全漏洞数[5]

1.3　移动终端高安全威胁现状

据 2020 年中国网络安全报告,瑞星"云安全"系统共截获手机病毒样本 581 万个,病毒总体数量比 2019 年同期上涨 69.02%。如图 1-5 所示,病毒类型以信息窃取、资费消耗、流氓行为等为主,分别位居前三。其中,信息窃取类最多,占比 32.7%。

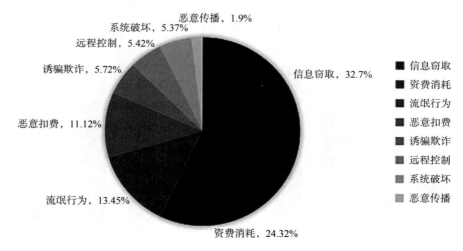

图 1-5   2020 年手机病毒类型比例[6]

2020 年,由于疫情原因,攻击者利用疫情的热度来进行攻击。他们利用漏洞窃取信息,又通过投放勒索软件进行获利,之后再窃取信息,以此不断循环,加剧了信息泄露和恶意软件的传播。

目前个人及企业对移动终端安全的关注逐年增高,但一方面由于智能终端碎片化严重导致漏洞难以及时修补,版本更新又在修复了原有漏洞的基础上会产生新的漏洞问题;另一方面由于利益链条的形成,不法分子不会舍弃移动终端安全这块蛋糕,矛与盾的战斗将会持续不休。其中,中高危风险漏洞占有很大比重,结合漏洞存续期长的实际情况,可见目前移动终端安全现状甚是严峻。

1.4   移动终端高安全威胁趋势

由图 1-6 可以看出,2005—2016 年漏洞数量较为稳定,在 2017 年漏洞数量翻倍飙升至超 1.4 万个,此后发布的漏洞数量逐年升高。2020 年由于疫情影响,远程办公人数增加,个人终端设备接入公司网络,远程协作办公等线上工作迅速发展,为经济发展开辟新道路的同时也带来了更为严峻的安全挑战。由于移动终端承载着大量的重要信息,在巨大的经济利益驱动下,移动终端安全的攻防战进入白热化,情况愈加严峻。企业与个人更应当加强安全防范,提高移动终端安全响应力,努力建设良好的供应链生态。

术检测无法识别由多个应用程序的交互而导致的漏洞这一问题，Sadeghi 等人[17]提出了新颖的方法并实现了附带的工具套件，依赖混合静态分析和轻量级形式分析技术来实现复杂软件的组合安全评估。该方法通过对应用程序包的静态分析，以适合形式分析的格式提取相关的安全规范。给定以这种方式提取的规范集合，然后使用正式的分析引擎（例如，模型检查器）来验证同时安装应用程序组合（持有某些权限并可能相互交互）是否安全。

对于上述应用间共谋漏洞，有很多研究致力于减缓甚至消除这类漏洞所带来的威胁，主要涉及应用间通信和应用管理两方面。在应用间通信方面，Tromer 等人设计了基于信息流控制的系统 DroidDisintegrator[18]，用于限制敏感信息在应用间的传递。在 Android 系统中，一个应用程序由几十个组件的集合组成，每个组件负责一些高级功能。大多数组件不需要访问大多数资源。DroidDisintegrator 通过为每个组件分配不同的权限标签，并限制组件之间的信息流，可以强制执行信息流约束。在应用管理方面，Dai 等人[19]提出了一种资源虚拟化方法，通过考虑应用程序组件间通信的交互来消除权限提升，从而解决为预防应用间漏洞的强制提升权限所导致的应用程序崩溃的问题。Suarez-Tangil 等人[20]提出了一种风险缓解机制，该机制基于经典安全分区原则将应用程序隔离到独立的组中以缓解应用程序间的共谋威胁。

在移动终端安全领域，如果能快速有效地发现恶意应用程序，那么可以很大程度上减小甚至避免恶意应用所带来的危害。Zhou 等人[21]对广泛用于 Android 系统应用安全研究的恶意应用数据集进行了分析，指出了对正常应用重新打包是绝大多数的恶意应用的形成方式。基于该理论，诸多研究均从重新打包技术的检测作为突破口，对恶意应用进行发现。DroidMoss[22]应用模糊散列技术来有效地本地化和检测应用程序重新打包行为的变化，从而发现应用市场上的重新打包应用。结果发现，市场上托管的 5％到 13％的应用程序被重新打包。Vidas 等人[23]提出了一个简单的验证协议，加强了应用程序市场中提供的身份验证属性，使得恶意分子重新打包应用程序的难度加大。此外，由于 Android 系统应用程序是用户交互密集型和事件占主导地位的，而用户和应用程序之间的交互是通过用户界面或视图执行的。受其启发，Zhang 等人提出 ViewDroid[24]，它可以通过功能视图捕获用户跨应用视图的导航行为，从而对重新打包的应用进行检测。

随着机器学习技术的持续火热，很多领域都逐渐将机器学习技术应用到自己的任务中，以取得更好的效果。有很多研究将机器学习技术引入移动终端恶意应用检测任务中。该类方法通常将移动端的应用程序使用特征向量进行表示，然后使用机器学习技术对特征向量进行分类，从而发现恶意的应用程序。Androdialysis[25]等人先将 Android 系统中的意图（Intent）对象作为特征构建特征向量，然后根据该特征向量对恶意应用进行检测。该文同时指出，Intent 是具有丰富语义信息的特征,与其他经过充分研究的特征(如权限)相比,它能够对恶意软件的意图进行编码。

2.2　国内研究现状

随着移动设备在国内普及的加快,手机、平板电脑等移动智能终端逐渐渗入了人们的生活中。然而,相关的安全威胁问题也日益突出。与国外的研究相比,国内的研究同样集中在移动终端操作系统和移动终端应用的安全性上,但侧重点又不完全一致。例如,国内更注重将机器学习等新兴技术与传统的移动终端安全问题相结合,因而涌现了一批基于机器学习技术的访问控制优化、恶意应用检测等方法。

2.2.1　移动终端系统安全性研究

在 Android 系统的移动终端系统安全问题中,原生访问控制机制的不合理是导致安全隐患的主要原因之一。Wang 等人[26]提出采用文本挖掘的方法识别应用访问敏感信息的目的:先从应用程序代码中提取多个特征,然后使用这些特征来训练机器学习分类器以对信息访问的目的进行推理,从而帮助用户更好地实现对应用的访问控制。Wu 等人[27]针对应用中的权限滥用问题进行检测,提出了基于数据和频繁项集挖掘技术的工具 PACS,该工具通过挖掘应用的元数据将应用进行分类,然后获得最大频繁项集并构建许可特征数据库,最后对应用程序是否滥用权限进行检测。

除访问控制系统所引发的安全隐患外,还有一部分研究发现 Android 系统中的其他部分也存在一定的安全隐患。AndroidFuzzer[28]利用云计算等技术对 Android 系统中的漏洞进行了检测:在完成云结构的构建后,根据 Android 系统的层结构构建了相应的模糊测试用例,然后利用云计算优秀的处理能力和存储能力对系统漏洞进行检测。Wu 等人[29]通过研究系统服务接口的源代码,发现了一种先前未知的名为未捕获异常的代码缺陷,该缺陷由 Android 系统中不合理的异常处理机制引起。未捕获异常是一个高权限函数,可以直接杀死异常进程。一旦系统级或关键服务被异常杀死,Android 系统就会崩溃并软重启。为了缓解这种新型的未捕获异常漏洞,Wu 等人开发了一种名为 ExCatcher 的保护方法,ExCatcher 维护一个包含已发现的未捕获异常缺陷的白名单。每当服务陷入未捕获异常时,ExCatcher 会立即检查白名单并确定如何处理异常。如果被捕获的服务杀死系统服务会导致 Android 系统崩溃,ExCatcher 将不做任何事情来避免系统重新启动。

此外,针对 Android 系统高度碎片化使得安全更新和漏洞响应变得困难的问题,LaChouTi[30] 根据目标 Android 系统内核的漏洞-补丁映射跟踪并识别暴露的漏洞,然后为识别的结果生成差分二进制补丁,将补丁推送并应用于内核,从而快速有效地对不同 Android 设备进行安全更新。

2.2.2　移动终端应用安全性研究

1. 第三方库应用研究

国内同样具有很多对于 Android 系统第三方代码库安全性的相关研究,目的在于避免或缓解 Android 平台中第三方代码库所带来的安全威胁。

对于非 Java 开发的第三方库可以轻易跳过 Dalvik 虚拟机的安全边界的问题,Hong 等人[31] 提出了名为 NativeProtector 的方法,用于规范 Android 系统应用程序中第三方原生库,来使系统免受恶意第三方本机库的侵害。NativeProtector 将应用程序、原生库应用和 Java 代码分离,并检测原生库以执行细粒度的访问控制。

此外,Chen 等人[32] 对 iOS 和 Android 平台上的潜在危害库进行了深入分析。他们首先从大量流行的 Android 系统应用程序中聚类相似的软件包以对第三方库进行识别,并使用音视频系统进行了战略性分析以找到潜在危害库。然后,根据共享跨平台的不变性,搜索这些库在苹果应用程序中的 iOS 对应项。对于每个发现的 iOS 潜在危害库,确定其 Android 版本上出现的可疑行为,并使用 Android 系统端的音视频系统确认其潜在危害的真实性。

2. 恶意应用安全研究

国内有很多研究尝试将机器学习模型与移动终端的恶意应用发现相结合,以解决传统的恶意应用发现中准确率较低等问题。Chen 等人[33] 引入基于流媒体机器学习的恶意软件检测框架,将整个恶意软件检测流程进行流式传输以支持大规模分析,对 API 序列进行特征提取,结合静态和动态方法观察应用程序行为,最终有效提高了恶意软件检测的准确率。Wang 等人[34] 提出了一种基于网络流量的文本语义特征的恶意软件检测方法,将移动应用程序生成的每个超文本传输协议(Hyper Text Transfer Protocol,HTTP)流视为文本文档,通过自然语言处理提取其功能,然后使用网络流量的文本语义特征来实现恶意软件检测模型。Zhu 等人[35] 提出了 DroidDet,权限、敏感 API、监控系统事件和权限率等都被当作关键特征,并采用了整体旋转森林构建模型,实现了低成本、高效率的恶意 Android 应用程序检测。Wu 等人[36] 提出了一个名为 BiTheft 的双向隐蔽通道,可以在没有任何许可的情况下隐蔽地窃取隐私数据。换言之,作者从攻击的角度阐述了恶意应用程序的危害。

3. API 误用安全研究

无论是 Android 系统还是 iOS 系统，在对移动端应用程序进行开发时均涉及调用各种不同的 API。然而，并非所有应用程序都能够正确地对 API 进行调用，对 API 的误用会导致诸多问题，例如使系统出现异常行为，泄露敏感信息或崩溃等。针对 API 误用的问题，Luo 等人[37]提出了一个名为 MAD-API 的自动化框架，其包含一个识别应用程序中 API 误用的检测方法和一个跟踪最新 API 状态并纠正错误的推荐方法。通过使用该框架，可以有效地检测出 Android 系统应用中的 API 误用，并帮助开发人员对 API 的误用进行纠正。

参 考 文 献

［1］ Johnson R，Wang Z，Gagnon C，et al. Analysis of android applications' permissions［C］// 2012 IEEE Sixth International Conference on Software Security and Reliability Companion，2012：45-46.

［2］ Grace M C，Zhou Y，Wang Z，et al. Systematic detection of capability leaks in stock android smartphones［C］// NDSS，2012：19.

［3］ Aafer Y，Zhang X，Du W. Harvesting inconsistent security configurations in custom android roms via differential analysis［C］// 25th USENIX Security Symposium，2016：1153-1168.

［4］ Rahmati A，Madhyastha H V. Context-specific access control：Conforming permissions with user expectations［C］// Proceedings of the 5th Annual ACM CCS Workshop on Security and Privacy in Smartphones and Mobile Devices，2015：75-80.

［5］ Ali-Gombe A，Richard Iii G G，Ahmed I，et al. Don't touch that column：Portable，fine-grained access control for android's native content providers ［C］// Proceedings of the 9th ACM Conference on Security & Privacy in Wireless and Mobile Networks，2016：79-90.

［6］ Zhou Y，Patel K，Wu L，et al. Hybrid user-level sandboxing of third-party android apps［C］// Proceedings of the 10th ACM Symposium on Information，Computer and Communications Security，2015：19-30.

［7］ Russello G，Jimenez A B，Naderi H，et al. Firedroid：Hardening security in almost-stock android［C］// Proceedings of the 29th Annual Computer Security Applications Conference，2013：319-328.

[8]　Shekhar S, Dietz M, Wallach D S. Adsplit: Separating smartphone advertising from applications[C]// Presented as part of the 21st {USENIX} Security Symposium ({USENIX} Security 12), 2012: 553-567.

[9]　Backes M, Bugiel S, Hammer C, et al. Boxify: Full-fledged app sandboxing for stock android[C]// 24th {USENIX} Security Symposium ({USENIX} Security 15), 2015: 691-706.

[10]　Zhang X, Ahlawat A, Du W. Aframe: Isolating advertisements from mobile applications in android[C]// Proceedings of the 29th Annual Computer Security Applications Conference, 2013: 9-18.

[11]　Pearce P, Felt A P, Nunez G, et al. Addroid: Privilege separation for applications and advertisers in android[C]// Proceedings of the 7th ACM Symposium on Information, Computer and Communications Security, 2012: 71-72.

[12]　Sun M, Tan G. Nativeguard: Protecting android applications from third-party native libraries[C]// Proceedings of the 2014 ACM conference on Security and privacy in wireless & mobile networks, 2014: 165-176.

[13]　Hu W, Octeau D, Mcdaniel P D, et al. Duet: library integrity verification for android applications[C]// Proceedings of the 2014 ACM conference on Security and privacy in wireless & mobile networks, 2014: 141-152.

[14]　Lu L, Li Z, Wu Z, et al. Chex: statically vetting android apps for component hijacking vulnerabilities[C]// Proceedings of the 2012 ACM conference on Computer and communications security, 2012: 229-240.

[15]　Marforio C, Ritzdorf H, Francillon A, et al. Analysis of the communication between colluding applications on modern smartphones[C]// Proceedings of the 28th Annual Computer Security Applications Conference, 2012: 51-60.

[16]　Bhandari S, Jaballah W B, Jain V, et al. Android inter-app communication threats and detection techniques[J]. Computers & Security, 2017, 70: 392-421.

[17]　Sadeghi A, Bagheri H, Malek S. Analysis of android inter-app security vulnerabilities using covert[C]// Proceedings of the 37th International Conference on Software Engineering-Volume 2, 2015: 725-728.

[18]　Tromer E, Schuster R. Droiddisintegrator: intra-application information flow control in android apps[C]// Proceedings of the 11th ACM on Asia Conference on Computer and Communications Security, 2016: 401-412.

[19] Dai T, Li X, Hassanshahi B, et al. Roppdroid: Robust permission re-delegation prevention in android inter-component communication[J]. Computers & Security, 2017, 68: 98-111.

[20] Suarez-Tangil G, Tapiador J E, Peris-Lopez P. Compartmentation policies for android apps: A combinatorial optimization approach [C]// International Conference on Network and System Security, 2015: 63-77.

[21] Zhou Y, Jiang X. Dissecting android malware: Characterization and evolution[C]// 2012 IEEE symposium on security and privacy, 2012: 95-109.

[22] Zhou W, Zhou Y, Jiang X, et al. Detecting repackaged smartphone applications in third-party android marketplaces [C]// Proceedings of the second ACM conference on Data and Application Security and Privacy, 2012: 317-326.

[23] Vidas T, Christin N. Sweetening android lemon markets: measuring and combating malware in application marketplaces[C]//Proceedings of the third ACM conference on Data and application security and privacy, 2013: 197-208.

[24] Zhang F, Huang H, Zhu S, et al. ViewDroid: Towards obfuscation-resilient mobile application repackaging detection[C]// Proceedings of the 2014 ACM conference on Security and privacy in wireless & mobile networks, 2014: 25-36.

[25] Feizollah A, Anuar N B, Salleh R, et al. Androdialysis: Analysis of android intent effectiveness in malware detection [J], Computers & Security, 2017, 65: 121-134.

[26] Wang H, Li Y, Guo Y, et al. Understanding the Purpose of Permission Use in Mobile Apps[J]. ACM Trans. Inf. Syst, 2017, 35(4): 1-40.

[27] Wu J, Yang M, Luo T. PACS: Pemission abuse checking system for android applictions based on review mining[C]// 2017 IEEE Conference on Dependable and Secure Computing, August 7, 2017-August 10, 2017, 2017: 251-258.

[28] Wu J, Wu Y, Wu Z, et al. AndroidFuzzer: Detecting android vulnerabilities in fuzzing cloud[J]. Journal of Computational Information Systems, 2015, 11(11): 3859-3866.

[29] Wu J, Liu S, Ji S, et al. Exception beyond exception: Crashing android system by trapping in 'uncaught exception[C]//39th IEEE/ACM International Conference on Software Engineering: Software Engineering in Practice Track, 2017: 283-292.

[30] Wu J，Yang M. LaChouTi：Kernel vulnerability responding framework for the fragmented android devices[C]//11th Joint Meeting of the European Software Engineering Conference and the ACM SIGSOFT Symposium on the Foundations of Software Engineering，2017：920-925.

[31] Hong Y-Y，Wang Y-P，Yin J. NativeProtector：protecting android applications by isolating and intercepting third-party native libraries[C]//IFIP International Conference on ICT Systems Security and Privacy Protection，2016：337-351.

[32] Chen K，Wang X，Chen Y，et al. Following devil's footprints：Cross-platform analysis of potentially harmful libraries on android and ios[C].// 2016 IEEE Symposium on Security and Privacy (SP)，2016：357-376.

[33] Chen S，Xue M，Tang Z，et al. Stormdroid：A streaminglized machine learning-based system for detecting android malware[C].//Proceedings of the 11th ACM on Asia Conference on Computer and Communications Security，2016：377-388.

[34] Wang S，Yan Q，Chen Z，et al. Detecting android malware leveraging text semantics of network flows[J]. Computers IEEE Transactions on Information Forensics，2017，13(5)：1096-1109.

[35] Zhu H-J，You Z-H，Zhu Z-X，et al. DroidDet：effective and robust detection of android malware using static analysis along with rotation forest model[J]，Neurocomputing，2018，272：638-646.

[36] Wu J，Wu Y，Yang M，et al. BiTheft：Stealing your secrets by bidirectional covert channel communication with zero-permission Android application[C]//22nd ACM SIGSAC Conference on Computer and Communications Security，CCS 2015，October 12，2015-October 16，2015，2015：1690-1692.

[37] Luo T，Wu J，Yang M，et al. MAD-API：Detection，correction and explanation of API misuses in distributed android applications[C]//7th International Conference on Artificial Intelligence and Mobile Services，AIMS 2018 Held as Part of the Services Conference Federation，SCF 2018，June 25，2018-June 30，2018，2018：123-140.

第 3 章 移动设备安全分析技术综述

由于移动终端的使用数量逐渐增长,且占据绝对优势,因此对移动设备的安全分析至关重要,本章将针对移动设备安全分析技术展开详细讨论。

3.1 移动设备安全分析技术概述

随着移动通信技术的发展,移动设备和物联网设备的数量以及占有率迅速增长。据统计[1],截至 2020 年 12 月,我国网民规模达到 9.89 亿人,其中,手机网民规模达 9.86 亿人,使用手机上网的比例达 99.7%,而使用台式计算机、笔记本计算机、平板电脑上网的比例分别为 32.8%、28.2% 和 22.9%(网民可以多种形式上网),具体数据如图 3-1 和图 3-2 所示。

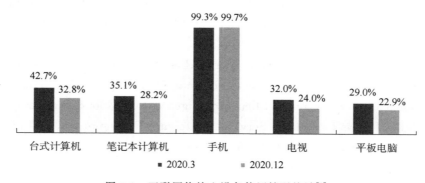

图 3-1　互联网络接入设备使用情况统计[1]

(来源:CNNIC 中国互联网络发展状况统计调查)

图 3-1 为互联网络接入设备使用情况统计,可以看出互联网接入设备中,手

机的数量占有绝对优势。而图 3-2 为手机网民规模及其占网民比例图,可以看出,截至 2020 年 12 月,我国手机网民的数量已增长至 9.86 亿人,相较于 2016 年 12 月的 6.95 亿人增幅为 2.91 亿人,相当于英法德三国人口的总和,而手机网民的占比也从 2016 年 12 月的 95.1% 增长为 2020 年 12 月的 99.7%,数量占据绝对优势。

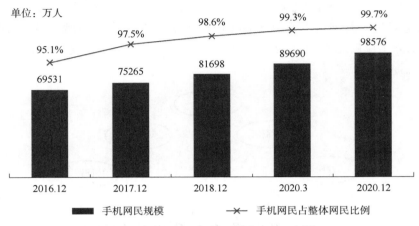

图 3-2　手机网民规模及其占网民比例[1]
(来源:CNNIC 中国互联网络发展状况统计调查)

由于使用移动设备的人群如此庞大,为了维护使用者的信息安全与隐私,对移动设备进行安全分析就变得至关重要。为了能够更好地找准移动端设备的分析点,需要首先对移动端设备的安全威胁模型和重要安全威胁进行分析。目前,国内外都已经有了不少相关的研究。

开放式 Web 应用程序安全项目(Open Web Application Security Project,OWASP)分析了移动端的攻击威胁模型,并在 2016 年发布了十大移动安全威胁[2]。

如图 3-3 所示为移动端攻击威胁模型。定义移动端设备为包含硬件层、系统层、运行库层和应用层的一套系统。在系统的硬件层,移动端设备可通过无线通信技术(WiFi)、近距离无线通信技术(Near Field Communication,NFC)、蓝牙等和对等设备、移动支付平台或笔记本设备连接交换数据。另外,硬件层还可与笔记本设备、读卡器、传感器等通过硬件扩展接口直接相连。这两种数据交换都会穿过安全边界。系统的应用层运行在运行库层、系统层和硬件层之上,由于应用层可由用户定制安装,应用内容也可由第三方开发者提供,因此应用层的可信度低,在应用与应用之间、应用层与底部几个层之间均存在安全边界。除了系统内部,应用层还可通过网络与外界通信。第一种通信方式为通过 WiFi、虚拟专用网络(Virtual Private Network,VPN)等网络层协议与网络中的各类服务通信,这些服务包括云存储、应用商店、网站、网络服务、协同网络等。第二种为通过移动蜂窝网络同移动通信运营商连接，与外界交换短信、语音、彩信等数据。此两种通信方式均需要穿过安全边界。由此，可总结出移动端的攻击模型具有以下特点：

（1）基础硬件环境差异性大。基础硬件需根据不同的移动端产品定制，以满足不同用户的需求，因此有较大的区别。

（2）与传统网站攻击模型区别大。传统网站采取服务器/浏览器架构，而移动端多采取服务器/客户端架构，因此移动端攻击模型和传统的网页应用模型有较大区别。

（3）除了应用之外，还需要考虑更多方面，包括远程网页服务、平台联动、平台安全等。

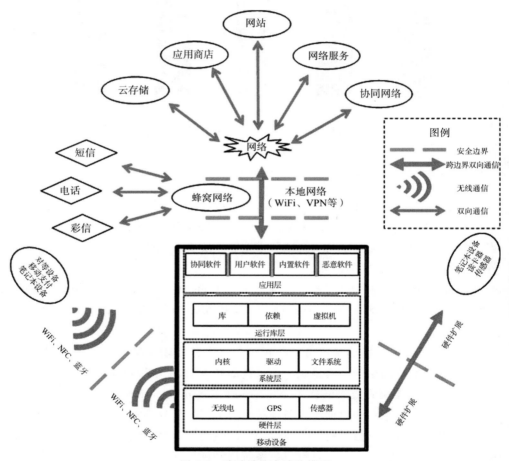

图 3-3　移动端攻击威胁模型

为了能对移动端的安全性进行有效分析，实现平台无关性，同时专注于领域的风险而非单个漏洞，OWASP 参考了通用的风险评估度量表，通过在社区发放问卷调查、漏洞统计分析的方式，提出了排名前十的安全风险。如图 3-4 所示，安全风险从高到低依次为功能滥用、数据存储风险、通信风险、身份验证风险、加密不充分、身份授权风险、客户端低质量代码、代码篡改、逆向工程和功能冗余。这是目前认可度较高的移动端安全风险的评估方式。

图 3-4　OWASP 提出的排名前十的移动端安全风险(2016 年版)

我国的方滨兴院士于 2015 年提出了网络空间安全的 4 层次模型,其中包括了设备层的安全、系统层的安全、数据层的安全以及应用层的安全,并针对移动安全领域在不同层面上面临的安全问题及对应的安全技术进行了分析与探讨[3]。卿斯汉研究员于 2016 年提出了 Android 安全模型的 3 个组成部分,分别为 Linux 安全机制、Android 本地库及运行环境安全和 Android 特有的安全机制[4]。

从系统层面来区分,移动端设备主要分为 Android 系统[5]和 iOS 系统[6]。这两个系统及基于它们所开发的应用软件构成了目前最主要的两大生态系统。这两大生态系统的安全性以及所受的安全威胁具有明显差别[7]。Android 系统由于允许通过第三方应用下载和安装应用程序,且其官方应用商店 Google Play 对于应用的审查较为宽松,导致有大量带有漏洞的软件以及恶意软件潜藏于其中;而 iOS 系统仅允许通过官方应用商店 Apple Store 下载应用软件,且基于 Apple Store 的严格审查机制,可以过滤掉大量低质量和恶意的应用程序。因此,在很长一段时间 Android 平台上的恶意程序远多于 iOS 平台。除此之外,iOS 系统只搭载在苹果公司生产的 iPhone、iPad 等移动智能设备上,即搭载的设备型号少,易于维护。而 Android 系统则会搭载于众多不同厂商以及不同型号的硬件设备上,呈现出严重的碎片化趋势。通常情况下,系统更新是对移动端设备进行安全维护的最好方式,谷歌和苹果都会积极推送系统更新包以对已发现的漏洞进行修补。然而,由于 Android 系统的设备厂商型号众多,系统更新包的适配及推送十分耗时耗力,因此设备的支持周期相对较短,安全性也相对较差。而搭载 iOS 系统的设备种类稀少,对设备进行适配和更新较为方便,安全性较好。

Android 系统和 iOS 系统在代码开放程度上也存在差异。Android 系统是基于 Linux 开发的开源操作系统,因此,黑客可以直接从源代码中挖掘 0-Day 漏洞并针对漏洞制作相应的恶意软件。不过,从另一个角度来看,开源代码可以受到来自全世界开发者的监督。谷歌公司的赏金计划使得漏洞发现者可以通过提交漏洞来获得赏金,这又在某种程度上提高了 Android 系统的安全性。两者安全性的横向对比如表 3-1 所示。

表 3-1　Android 系统与 iOS 系统安全性的横向对比

参数	Android 系统	iOS 系统
应用商店	审查宽松	审查严格
应用安装	开放来源	只允许官方来源
恶意软件	数量多	数量少
设备厂商	厂商数量众多	封闭厂商
系统更新	更新频率低,设备支持时间短	更新频率高、强制更新
源代码安全性	开源、容易找到漏洞	闭源
漏洞数量	多	少
整体评价	略差	安全

360 公司发布的《2018 年中国手机安全生态研究报告》[9]显示,2018 年度 Android 平台设备中 95.9％的 Android 设备受到中危级别漏洞的危害,99.7％的 Android 设备存在高危漏洞,67.7％的 Android 设备受到紧急级别漏洞的影响。由此可见,Android 系统受漏洞影响严重。因此本章将着重对 Android 系统的安全漏洞分析技术进行介绍。

移动端设备安全分析技术可根据系统层级划分为硬件层分析、软件层分析以及网络层分析,技术概览如图 3-5 所示。其中,硬件层分析包括硬件接口接入、硬件组件识别、硬件端口监听劫持和固件窃取。软件层分析可以按照是否需要执行分为静态分析(Static Analysis)和动态分析(Dynamic Analysis)。静态分析的优点在于具有较高的分析精度,但缺点是可能会造成过高的误报率和符号爆炸问题;动态分析则能更好地处理编程语言中的动态属性,例如指针、动态绑定、面向对象语言中的多态与继承、线程交替等。静态分析可进一步细分为逆向工程(Reverse Engineering)、可达路径分析(Reachable Path Analysis)、符号执行(Symbolic Execution);而动态分析可分为污点分析(Taint Analysis)和模糊测试(Fuzzing)。为了能结合静态技术与动态技术的优点,研究者们也提出了更为综合的方法。比如,将具体执行和符号执行结合起来的混合符号执行(Concolic Testing)技术,以及将模糊测试和符号执行结合起来的定向模糊测试(Directed Fuzzing)技术。网络层分析包含了移动通信接口层分析、云服务分析、网络嗅探分析以及侧信道分析[12]等。

移动端软件规模的增长以及复杂性的增强为安全分析研究带来了严峻的挑战。为了解决传统人工分析方式的低效率问题,研究人员将目光聚焦在了与人工

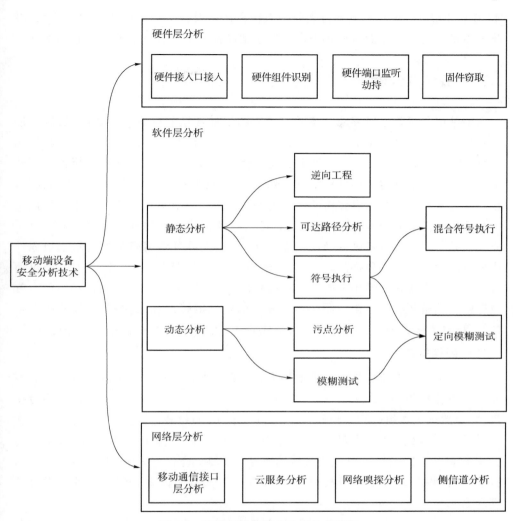

图 3-5　移动端设备安全分析技术概览

智能相关的技术上,希望能够达到智能化地处理漏洞信息,同时提高漏洞挖掘效率的目的。因此,如何将机器学习技术应用于移动端安全分析研究已成为新的热点。机器学习技术在移动端漏洞挖掘领域的具体应用场景主要包括二进制函数识别、函数相似性检测、测试输入生成、路径约束求解等[14]。

3.2　移动设备安全分析典型技术详述

由于研究人员往往会通过硬件层分析、固件获取及分析、逆向工程及篡改技

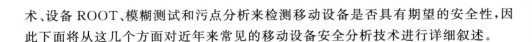

术、设备 ROOT、模糊测试和污点分析来检测移动设备是否具有期望的安全性,因此下面将从这几个方面对近年来常见的移动设备安全分析技术进行详细叙述。

3.2.1　硬件层分析

硬件层分析是进行移动设备漏洞研究的一种常见的做法。例如,可通过合适的硬件直连到移动设备上未受保护的调试端口,并在上层运行适当的连接软件和协议,达到在系统中执行命令、获取数据的目的。分析人员由此即可分析得到硬件中的加密密钥或其他的可利用漏洞。除此之外,具备对设备硬件的直接访问权限,也意味着分析人员可以直接将芯片从电路板拆下来以进行逆向工程。本节讨论了一些简单的工具和技术,旨在帮助读者进行以硬件为重点的嵌入式设备的安全研究。在具备对目标设备硬件访问的条件下,分析人员可使用简单的技术获取固件或攻击固件。没有了硬件的限制,可以使用较多软件层面的分析技术。例如,可通过反汇编技术挖掘固件中的漏洞,或者通过逆向技术得到 USB 等硬件接口的专有数据协议的解析方法。由于不会涉及复杂的电子电路设计,这些分析技术相对较为简单,且大多数都不会对目标设备造成破坏,例如调试、总线监控和设备仿真等。

1. 硬件接口

设备中常见的硬件接口包括通用串行总线(Universal Serial Bus,USB)、通用异步收发传输器(Universal Asynchronous Receiver/Transmitter,UART)串行接口、联合测试工作组(Joint Test Action Group,JTAG)等,但它们并不都直接存在于设备中。因此,分析人员需要首先对接口进行观察探测。例如,暴露在外的USB 接口、SIM 卡槽等,以及将外壳打开后从印制电路板(Printed Circuit Board,PCB)中引出的 UART 串行接口、JTAG 等。下面将向读者介绍接口的分类以及发现方式。

USB 是 Android 设备与其他设备交互的标准有线接口。大多数 Android 设备都具有标准的 Micro USB 接口或 USB Type-C 接口。作为主要的有线接口,USB支持几种不同类型的模式,包括 ADB 模式、Fastboot 模式、下载模式、大容量存储模式、媒体设备模式和网络共享模式。不过,并非所有设备上的模式都相同。有的设备可能并不支持某些模式,而有些模式需要用户手动切换才能使用。设备可能会默认开启某些模式,例如大容量存储或媒体传输协议(Media Transfer Protocol,MTP)模式,用户通过 USB 连接计算机即可使用相应的功能,无须额外操作。而其他一些模式(如 Fastboot 模式和下载模式)会涉及对设备底层的高级配置,需要在开机时按住某些组合键才能进入。另外,某些设备在连接 USB 设备后会向用户显示切换菜单,用户需自行选择要进入的模式。与 USB 接口相连的设备通常为系统提供一些附加功能,如供电、外接存储、键盘、鼠标等。

UART 串行接口是最常见的嵌入式设备诊断和调试接口。它可以实现多种通信标准，包括 RS-232、RS-422、RS-485 等。这些通信标准规定了不同信号的含义、数据传输速率、连接器的大小等数字信号细节。在基于 Android 的嵌入式系统中，可通过 UART 串行端口连接到控制台，进而直接访问操作系统。移动端开发人员可在编译 Android 系统时通过修改编译配置启用 UART。在启用 UART 后，所有的标准输出、错误输出和调试输出都会被打印到 UART 串口控制台。如果设备运行在 Android 系统或标准的 Linux 系统上，则 UART 串口控制台通常也会显示用户登录提示。用户还可使用 UART 串口查看设备启动状态、打印调试日志（通过 syslog 或 dmesg），以及通过命令行界面与设备的操作系统直接交互。

JTAG 接口是另一个安全领域的常用接口，是一种单独调试计算机芯片的方法。不同于需要依赖在移动端设备上执行特定软件代码（如 Shell、Bootloader 等）的 UART 接口，JTAG 可以直接通过硬件接口查看处理器正在执行的操作和状态。

2. 拦截、监控和注入数据

软硬件漏洞挖掘的主要方法之一是拦截、监控和注入数据：首先，研究人员需要对数据进行拦截、监控并观察设备的运行状态；然后可以通过篡改或重放这些数据流，达到触发目标设备中漏洞的最终目的。由于移动端开发人员通常会认为针对硬件进行漏洞挖掘的门槛较高，即攻击事件发生的概率较小，因此相应的防护工作可能并不充分，而这也正是这种方法通常十分奏效的原因。本小节将对一些可用于观察嵌入式设备中各种通信线路上的数据的工具进行简要介绍。

市面上有许多设备可以用作硬件接口的协议分析器。例如，Total Phase 公司[15]生产的用于 USB、串行外设接口（Serial Peripheral Interface Bus，SPI）、控制器局域网（Controller Area Network，CAN）、内部集成电路（Inter-Integrated Circuit，I2C）等多种有线协议分析仪。该公司所有的设备都需要使用通用软件套件 Total Phase Data Center。每个设备的功能都不相同，主要区别在于可以分析的 USB 总线协议版本，新的设备可支持 USB 3.0 标准，而较老的设备只能支持 USB 1.0 标准。

USB 系统是一种阶梯式星形拓扑（Tiered star topology）的主从通信网络，其连接对象分为 USB 主机（Hosts）或设备（Devices）。USB 主机通常由较大的设备组成，例如台式计算机和笔记本计算机。USB 设备通常较小，例如 U 盘、移动硬盘和移动端手机。可将 Total Phase 分析器串联在 USB 主机和 USB 设备之间，被动监听两者之间的通信。

Total Phase 数据中心应用可控制分析仪的硬件，展示监听到的通信数据。数据中心应用程序的用户界面如图 3-6 所示。

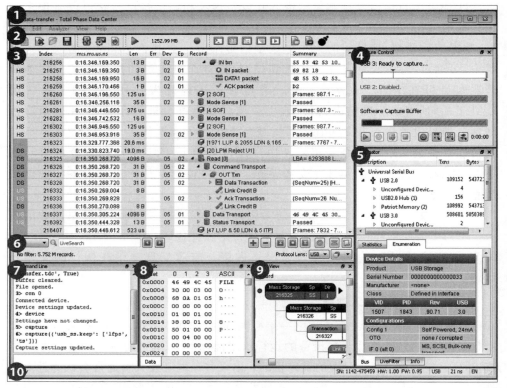

图 3-6　Total Phase 数据中心应用程序的用户界面

　　该程序的功能与开源网络监控工具 Wireshark 十分相似,都能够记录和查看协议对话,并以多种方式对其进行剖析和分析,但区别在于,该程序可适用于 USB系统。Total Phase 还提供了 API 接口,可以编写程序与设备或软件交互以执行捕获、接收回调触发器以及被动地解析或操作总线数据。除了 Total Phase 之外,Block View 和 Wireshark 也提供了一些针对 USB 分析的功能,能够查看在 USB协议的协议数据包层次结构中可视化的数据。

　　UART 也有相应的分析工具。Saleae 软件可以连接到 UART 的各个引脚。在 Saleae 用户界面中,每个图形区域的颜色都与物理设备上各个电极的颜色直接对应。当移动端设备通电时,UART 线缆的调制解调器可能会在其引导期间输出数据,用户即可在 Saleae 软件中分析 UART 传输的数据。

3.2.2　固件获取及分析

1. 固件获取

　　针对固件的分析也是移动设备分析的重要手段。取得固件后,可将固件导入到 IDA 等交互式反汇编工具中,对漏洞进行逆向工程和安全审计。但是,应该采取何种手段获取固件呢?

获取固件的方式可以分为非破坏性和破坏性两种。非破坏性方式包含以下 3 种方法。

方法一是通过 SPI 读取带电可擦可编程只读存储器(Electrically Erasable Programmable Read-Only Memory,EEPROM)。固件镜像有时会存放在 EEPROM 中,而 EEPROM 可使用简单的 SPI 协议通信,只需连接 SPI 线,即可对 EEPROM 的数据进行读取和写入,这样就实现了非破坏性的固件获取。

方法二是直接读取 SD 卡。某些设备进行固件升级时会将固件存储在 SD 卡上。如果 SD 卡存储设备中使用了通用的可挂载的文件系统(如文件配置表(File Allocation Table,FAT)),只需将 SD 卡从设备中拔出插入到分析工作站中,即可挂载 SD 卡读取数据。但在某些情况下,嵌入式开发人员并不使用通用文件系统,而是将固件以纯二进制方式写入 SD 卡。这种情况可以使用 DiskGenius 等磁盘管理工具将 SD 卡中的内容转化为镜像文件再进行分析。虽然这种读取方式看起来与读取 EEPROM 不同,但其实 SD 卡本质上也是 SPI 设备,同样具备设计简单、读取方便的特点。

方法三是使用 JTAG 调试接口或调试器来查看处理器的寄存器和内存中的内容。在嵌入式设备,尤其是那些使用裸固件的设备上,分析人员经常基于 JTAG 调试接口提取固件。有许多工具使用 JTAG 功能读取固件映像,例如 Segger J-Link。用户可使用 J-Link 的 GNU 项目调试器(GNU Project Debugger,GDB)功能,通过 GDB 内存转储命令转储内存的全部内容,进而分离分析固件系统。这种方法相较其他方法略微烦琐,但在其他非破坏性方法都无法使用时,这是非常有效的方法。因此,获得设备的 JTAG 调试器访问权限是很有帮助的。

除此之外,还可使用破坏性的技术访问固件。这种方式需要从电路板上拆除并读取闪存芯片。闪存芯片是 PCB 电路板上的一种表面贴装器件(Surface Mounted Devices,SMD)。拆焊 SMD 组件的最有效且直接的方法是使用热风枪。用户可以使用热风枪将融化 SMD 组件在 PCB 板上的所有针脚上的焊料。另一种拆解 SMD 组件的方法是使用一种名为 Chip Quik 的工具。Chip Quik 由熔化温度低于焊料的金属合金组成,将熔化的 Chip Quik 滴到固体的焊料上会将热量传递给焊料,从而将其熔化。由于 Chip Quik 操作一次后可以使焊料保持更久的融化状态,因此用户可以有更为充足的时间从 PCB 板上移除或解焊芯片。与使用热风枪的方法相比,Chip Quik 的操作更为简单。

从 PCB 板上拆除闪存芯片后的下一步是读取闪存。不同厂商、型号的闪存芯片的形状、针脚数量、针脚意义、容量等均有所不同。Xeltek 公司提供了一系列通用闪存编程器的设备。其中,SuperPro 系列的设备可以对数百种不同类型的闪存芯片进行读写。此外,Xeltek 公司还提供了数百种适配器,针对芯片的几乎所有可能的格式和外形做了适配。Xeltek 网站还包含有一个数据库,研究人员可以通过芯片序列号检索能适配的 Xeltek 适配器。Xeltek 设备本身使用 USB 线连接分析工作站,并使用附带的软件进行操作。用户只需启动软件即可检测正在使用的适配器类型并弹出读取框。单击"读取"按钮后,软件就会将芯片固件读取到二进制文件中,随后可将其存储在文件系统中。图 3-7 所示为 Xeltek 读取固件时的屏幕截图。

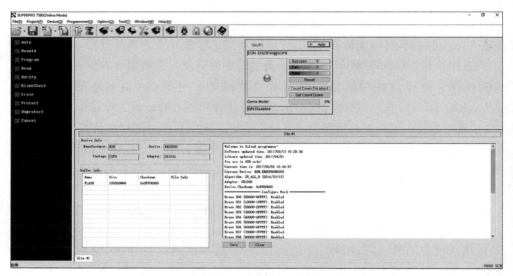

图 3-7　Xeltek 读取固件

2. 固件分析

固件提取操作结束后,就需要对固件进行分析了。一般来说,提取的固件镜像文件不仅仅是操作系统本身,还可能包括一些针对小型存储器的文件系统格式,如 CramFS、JFFS2 或 Yaffs2 等。可使用 Binwalk 工具对此类文件系统格式进行分析和解包。Binwalk 能够使用启发式方法来定位文件中可识别的结构,检测文件系统的信息以及读取文件的头信息。图 3-8 所示了使用 Binwalk 的输出示例。我们从 Android 系统设备中提取了 libc.so 文件并对其使用了 Binwalk 工具。可以看到,Binwalk 将文件内容正确地识别成了可执行与可链接格式(Executable and Linkable Format,ELF),并判断出了它可能是一个小型的 CramFS 文件系统。

不过,在某些情况下,Binwalk 并不适用,可能无法识别出二进制文件的内容。这种情况经常发生在从 CPU 缓存和 NAND 闪存等目标提取的固件上。

在固件解包和简单分析后,需要引入逆向工程进行更深层次的分析。这一步通常可以使用逆向工程领域的神器 IDA,固件导入的过程需要分析人员对二进制固件有足够的了解,能够去除任何不必要的比特位,或者使用其他方式获取到可执行的二进制固件。将嵌入式设备的二进制固件导入 IDA 往往较为困难,经常会遇到很多问题,并不像使用 ELF 和可移植可执行文件(Portable Executable,PE)那样简单。为了解决这些问题,IDA 提供了很多功能来帮助分析人员加载和解析固件。

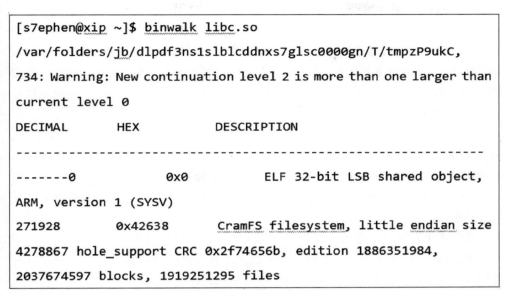

```
[s7ephen@xip ~]$ binwalk libc.so
/var/folders/jb/dlpdf3ns1slblcddnxs7glsc0000gn/T/tmpzP9ukC,
734: Warning: New continuation level 2 is more than one larger than
current level 0
DECIMAL         HEX             DESCRIPTION
--------------------------------------------------------------
-------0         0x0             ELF 32-bit LSB shared object,
ARM, version 1 (SYSV)
271928          0x42638         CramFS filesystem, little endian size
4278867 hole_support CRC 0x2f74656b, edition 1886351984,
2037674597 blocks, 1919251295 files
```

图 3-8　Binwalk 输出示例

将固件映像加载到 IDA 通常有以下三个步骤:

(1) 用 IDA 打开文件,选择 Binary File 或 Dump;

(2) 从对话框中选择目标的指令集架构,这需要对目标处理器的指令集架构有足够多的了解;

(3) 提供二进制文件的执行入口点。此时,如果顺利的话,IDA 会加载执行二进制固件。

快速库检测和识别技术(Fast Library Identification and Recognition Technology,FLIRT)是 IDA 自带的一种函数识别技术,相比基础的针对 PE 或 ELF 文件的逆向功能,该技术更能辅助固件的逆向工程。与 Binwalk 相似,FLIRT 会梳理文件以查找签名,然后可以将这些签名应用到二进制文件的各个部分。FLIRT 签名旨在识别生成代码的编译器,而不是识别常见的二进制文件格式或文件系统。如果有任何的 FLIRT 签名匹配到了固件的片段,则会显示对话框帮助分析人员选择正确的 FLIRT 签名集。

使用 IDA 解析不同的二进制文件时,一般需要投入大量时间进行相关配置。在 IDA 中初步加载二进制文件后,还需在反汇编过程中执行一些额外的修复操作。例如,对于 ARM 架构的二进制代码,由于 IDA 难以识别其函数入口点,所以需要手动指定,或使用自定义的 IDC 脚本或 IDA Python 脚本来指定函数入口点。

当成功加载二进制文件后,可对固件进行更加全面的逆向工程,包括反编译、反汇编、动态调试等。

3.2.3 逆向工程和篡改技术

软件破解修改、恶意软件分析等领域通常会用到逆向工程和篡改技术。例如,在进行移动应用程序的黑盒测试时,安全测试人员需要对已编译的应用程序、应用补丁进行反编译,对二进制代码甚至实时进程进行篡改。因此,逆向工程和篡改技术也是目前安全测试人员必备的技能。

移动应用程序的逆向工程是指在源代码未知的情况下,通过反编译、反汇编、反混淆等技术,分析已编译的应用程序以提取有关其源代码的信息,进而还原技术原理的过程。逆向工程的目标是理解代码和技术原理。篡改工程是更改移动应用程序(已编译的应用程序或正在运行的进程)或其环境以改变其行为的过程。例如,当测试设备的 root 权限被篡改后,有些应用程序可能就会被禁止运行,这样一来,也就无法针对它们进行一些高级的测试了。在这种情况下,就需要更改应用程序的行为以实现测试目的。了解基本的逆向工程概念可以对移动安全分析测试起到很好的辅助作用,但并不存在始终有效的通用逆向工程过程。

在进行移动安全测试时,逆向工程技能可实现以下基础目标。

(1)启用移动应用程序的黑盒测试。通常情况下,应用程序会设置阻碍动态分析的方法。例如,安全套接字协议(Secure Sockets Layer,SSL)和端到端加密会阻止拦截或操纵流量的代理的使用。逆向工程可以使这些防御措施失效。

(2)加强黑盒测试中的静态分析。在黑盒测试中,对应用程序字节码的静态分析有助于了解应用程序的内部逻辑。除此之外,还可以通过逆向工程识别漏洞,如硬编码漏洞。

(3)评估反逆向的破解难度。有些应用程序会阻止逆向工程的实施。但测试人员可以使用更高级的破解手段,去验证对方的阻止手段是不是有效。

对于安全测试人员来说,逆向工程最好的入门方法是对一些基本的工具加以利用,并从简单的逆向和破解任务开始。需要了解的基础知识包括汇编程序/字节码语言、操作系统、常见的混淆等。

下面将对移动应用逆向测试中最常用的技术进行概述。

1. 二进制补丁技术

打补丁是更改已编译应用程序的过程,例如更改二进制可执行文件中的代码、修改 Java 字节码或篡改资源文件。这个过程在手机游戏黑客场景中被称为篡改。可以通过多种方式应用补丁,包括在十六进制编辑器中编辑二进制文件,反编译、编辑和重新组装应用程序等。目前的移动操作系统严格执行代码签名算法,因此运行修改后的应用程序不像在桌面环境中那么简单。分析人员需要重新签署应用程序或禁用默认代码签名验证工具才能运行修改后的代码。

2. 代码注入

代码注入是一种非常强大的技术，允许在运行时查看和修改进程。它的实现方式有很多种，目前已经可以通过一些工具来自动化该过程。这些工具可以帮助分析人员直接访问进程内存和重要的数据结构，例如应用程序实例化的 Activity 对象。它们通常还带有许多实用函数，例如可用于解析加载的库、Hook 方法和本机函数等。由于篡改进程的内存比起上述的二进制补丁更难被检测到，因此在大多数情况下优先使用代码注入技术。

Substrate[16]、Frida[17] 和 Xposed[18] 是移动端中使用最广泛的 Hook 和代码注入框架。这三个框架在设计理念和实现细节上有所不同。相比于 Substrate 和 Xposed，Frida 旨在成为一个更加完整的"动态检测框架"，它还提供了语言绑定和 JavaScript 控制台的功能。

基于以上工具可进行进一步的应用程序分析，比如可通过 Substrate 注入 Cycript 来分析应用程序。其中，Cycript 是由 Cydia[16] 的 Saurik 编写的编程环境，即 "Cycript-to-JavaScript"编译器。更为复杂一些的是，Frida 的作者创建了一个名为 "Frida-Cycript"的 Cycript 分支。它用名为 Mjølner 的基于 Frida 的运行库替换了 Cycript 的运行库。这使 Cycript 能够在 Frida-Core 维护的所有平台和架构上运行。Frida-Cycript 的发布可参考 Frida 的开发者 Ole 的一篇题为"Cycript on Steroids"博客。值得注意的是，Frida 是三者中最通用的框架，可以将 JavaScript 虚拟机注入 Android 和 iOS 系统上的进程，而 Substrate 的 Cycript 仅适用于 iOS 系统。

3. 反编译技术

反汇编器和反编译器可将应用程序的二进制代码或字节码转换回人类可理解的格式。通过在二进制文件上使用反汇编和反编译技术，可以获得与编译应用程序的架构相匹配的汇编代码。Android Java 应用程序可以反汇编为 smali，这与 Android 系统的 Dalvik 虚拟机使用的 dex 格式的汇编语言相匹配。smali 程序集也很容易反编译回 Java 代码。反编译可用的工具和框架范围很广，其中包括图形化工具、开源反汇编引擎、逆向工程框架等。

4. 调试与跟踪技术

在传统意义上，调试是软件开发生命周期内分析程序中问题的过程，主要目标是分析程序中的错误。但即使不以分析错误为主要目标，调试工具对逆向工程师也很有价值。调试器可以在运行过程中的任何时刻暂停程序，检查进程的内部状态，甚至修改寄存器和内存。这些能力使程序检查得到了极大地简化。

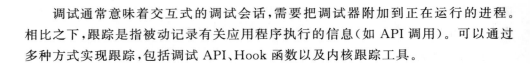

调试通常意味着交互式的调试会话,需要把调试器附加到正在运行的进程。相比之下,跟踪是指被动记录有关应用程序执行的信息(如 API 调用)。可以通过多种方式实现跟踪,包括调试 API、Hook 函数以及内核跟踪工具。

3.2.4　设备 root

在 Android 设备上获得超级用户权限的过程通常称为 rooting。root 账户对基于 UNIX 的系统上的所有文件和程序都拥有控制权限,可以实现对操作系统的完全控制。例如,自定义主题、修改启动动画外观;使用户能够卸载预安装的应用程序、执行完整的系统备份以及恢复或加载自定义内核固件和模块。此外,还有较多需要 root 权限才能运行的应用程序。例如,基于 IP 信息包过滤系统(iptables)的防火墙、广告拦截器、超频或网络共享应用程序等。如果分析人员获得了 root 权限,就可以在对设备的安全性进行分析时摆脱 UNIX 的权限限制。

然而,root 过程可能会损害到设备的安全性。主要原因有两个,一是所有用户数据都将暴露给被授予 root 权限的应用程序;二是一旦设备丢失,它可能会为攻击者从设备中提取所有用户数据留下后门,尤其是在安全机制(如引导加载程序(Bootloader)锁机制或签名恢复更新机制)都已经被删除了的情况下。

3.2.5　模糊测试

模糊测试(Fuzzing)是一种通过故意提供错误的输入来测试软件输入验证的方法。本节将对模糊测试进行详细介绍,包括目标识别、变异输入、自动化测试和结果监测。另外,本节还将详细介绍在 Android 设备上进行模糊测试的方式,说明模糊测试易于发现错误和挖掘漏洞。通过本节,读者可以对如何使用模糊测试发现 Android 操作系统中的安全问题具备更为清晰的认识。

模糊测试最初是由威斯康星大学麦迪逊分校的 Barton Miller 教授于 1988 年提出的,本意是想对各种 UNIX 系统实用程序的故障进行测试,而现在已经成为安全测试人员和开发人员审核软件输入验证的一种方式。虽然模糊测试技术的原理简单,却能发现大量的崩溃错误,其中某些错误会触发安全漏洞。

模糊测试的基本方式是自动化输入大量的值,这些输入值会改变程序的分支条件的判断状态。每次判断都可能导致程序执行到包含错误或无效的代码,因此覆盖更多执行路径意味着发现错误的可能性更高。

模糊测试最吸引人的特性是自动化。研究人员可以开发一个模糊测试器(Fuzzer)并使其在执行各种其他分析任务(如代码审计或逆向工程)时保持运行。此外,与手动二进制或源代码审查相比,开发一个简单的 Fuzzer 的工作量较小,时间成本较少。还可以通过模糊测试框架的方式,进一步减少所需的工作量。此外,模糊测试还可以发现在手动审查过程中被忽视的错误。

除了上述优点外,模糊测试的缺点也值得关注。与其他一些技术相比,它具有不小的局限性。主要有以下三点。

(1)它只能发现缺陷(错误),而不能基于此对其是否能造成安全问题做出判断,这一点还需要研究人员做出进一步的分析。

(2)时间复杂度太高。例如,在对 16 字节的输入(相对较小)进行模糊测试时,由于每个字节都存在 255 个可能的值,因此整个输入集就会包含 16^{255}(约等于 $3×10^{39}$)个可能的值,而目前的技术无法实现对这样规模的数据集的完整测试。

(3)存在漏报情况。尽管执行了易受攻击的代码,但某些问题可能依然会逃脱检测。比如,模糊测试工具在不重要的缓冲区内发生的内存损坏问题无法引发错误,因此也不会被发现。

事实上,模糊测试在 Android 生态中受到的关注相对较少,只有少数研究人员对此话题进行过讨论,且讨论通常集中在一个有限的攻击面上。

在 Android 设备上进行模糊测试是存在优势的。它与其他 Linux 系统上的模糊测试非常相似,常见的 Linux 工具(包括 ptrace、管道、信号和其他 POSIX 标准中的工具)也同样适用于 Android 系统。由于操作系统的进程隔离,在对特定程序进行模糊测试时也不会对整个系统产生不利影响。除此之外,操作系统还为创建具有集成调试器等功能的高级模糊器提供了底层支持。不过,这一过程确实也存在一些挑战。

Android 系统上有一些常规 Linux 系统上不存在的底层组件,它们的存在提高了模糊测试的复杂性。例如,Android 系统一般都会有硬件和软件的看门狗(watchdog)机制,这会在模糊测试引发崩溃时重新启动设备,导致无法进行进一步的分析。此外,Android 系统的最小权限原则导致了各种程序间的相互依赖。对某一程序进行模糊测试可能会导致依赖此程序的程序崩溃。对在底层硬件中实现的功能(如视频解码)的依赖性也可能会导致系统被锁定或程序出现故障。为了防止模糊测试因上述情况中止,这些都应在开发模糊测试器时纳入考量。

除了上述问题之外,设备性能也是 Android 系统模糊测试的瓶颈。模糊测试需要机器具备强大的性能,性能的不足会严重影响测试效率,但大多数运行 Android 系统的硬件设备都比传统的 x86 机器性能差得多。即使在具有顶级硬件的物理机上运行模拟器,运行速度也会很慢。

除了设备性能外,通信方式的速率和稳定性也是模糊测试的重要影响因素。大多数 Android 设备上可用的通信方式只有 USB 和 WiFi。在传输文件或定期发出命令时,这些通信方式都无法提供足够的通信速率,而且容易出现不稳定的现象。此外,当 ARM 设备处于低功耗模式(如屏幕关闭时)时,容易出现 WiFi 连接中断的问题。因此,模糊测试过程中应最大限度地减少与设备上传、下载传输的数据量。

尽管存在设备性能和通信速率的问题,在实体 Android 设备上进行模糊测试仍然优于在模拟器上。物理设备通常运行由原始设备制造商(Original Equipment Manufacturer,OEM)定制的 Android 版本。如果制造商更改了 Fuzzer 的目标代码,则 Fuzzer 的输出可能会有所不同。即使没有更改,物理设备中的代码也不会出现在模拟器中,例如外围设备的驱动程序、一些专有软件等。

下面介绍几种针对 Android 设备组件的模糊测试方法。

(1)针对广播接收器的模糊测试

广播接收器和其他进程间通信(Inter-Process Communication,IPC)端点是应用程序中的有效输入点,不管是对于第三方应用程序和官方 Android 组件,它们的安全性和健壮性都经常被忽视。空意图模糊测试是相对原始且初级的模糊测试方法,可以以广播接收器为测试对象。它可通过 iSEC Partners 的 IntentFuzzer[17]应用程序实现。通过向各种暴露的接口发送测试意图,IntentFuzzer 能够自动化地发现应用程序中的权限泄漏。与静态方法相比,该方法在精度上具有优势。静态分析只能看到函数调用之间可能的调用连接,而模糊测试可以检测到、记录下并复现出真正发生的权限泄漏。Yang 等人[17]使用 IntentFuzzer 对 Google Play 中的 2 000 多个最受欢迎的应用程序进行了分析。结果发现有 161 个应用程序都至少存在一个权限泄漏问题。Yang 等人还将 IntentFuzzer 应用到了各厂商定制的闭源 ROM 中,并在红米手机和联想 K860i 中分别发现了 26 个和 19 个权限泄露。

(2)针对浏览器的模糊测试

Android 浏览器是一个值得注意的模糊目标。首先,它是所有 Android 设备上都存在的标准组件。其次,Android 浏览器的实现非常复杂:它是由 Java、JNI、C++和 C 等多种语言组成的。由于浏览器非常注重性能,因此大部分代码是用本地语言实现的,即编程语言的多样化和本地语言的特征导致了 Android 系统的复杂性。复杂通常意味着漏洞,所以浏览器中曾发现了许多漏洞,特别是最重要的引擎组件。不过,浏览器很少存在外部依赖项,因此,对其进行模糊测试并不困难——具备一个有效的 Android 调试桥(ADB)环境即可。很多研究人员都已经实现了不少针对浏览器的模糊测试工具,例如 BrowserFuzz,它是一个以 Android 浏览器中的 V8 引擎(主要渲染引擎、底层依赖库之一)为目标的模糊测试工具,其目标是使用许多格式错误的输入来测试 Android 浏览器的代码是否可靠。

(3)针对 USB 攻击面的模糊测试

作为 Android 设备的通用串行总线接口,USB 支持许多不同的功能,每个功能本身都会引入一个相对应的攻击面。由于一些安全机制的存在,某些功能只有在进行物理访问时才能实现,例如 Android 系统中的锁屏、启用 ADB 接口等。如果底层代码中存在漏洞,则可能允许使用非物理接触手段(如 USB 连接)。这会造成一些恶意入侵,包括从设备读取数据、将数据写入设备、获得代码执行权限、重写设备固件等。这些恶意入侵行为使得 USB 攻击面成了模糊测试的有趣目标。

与上述模糊测试一样,针对 USB 设备进行的模糊测试也面临着一系列挑战。USB 设备通常会通过发出总线复位的信号来处理响应错误,设备与主机之间的连接将被断开并重置为默认配置。重置后,设备会断开当前使用的所有 USB 功能,包括用于监控的所有 ADB 会话。这严重影响了模糊测试的进行。

3.2.6　污点分析

污点分析[18]又被称为信息流跟踪技术[19],其原理是先标记系统中的敏感数据,继而跟踪标记数据在程序中的传播,从而对系统安全进行检测。针对移动应用进行污点分析时的原理亦是如此,也是要在应用代码上跟踪敏感数据流。同时,可以根据是否需要动态运行程序,将其分为动态和静态两种。

最具代表性的 Android 应用动态污点分析技术是 TaintDroid[20],其通过修改的 Dalvik 虚拟机,在应用的 Java 字节码的解释执行过程中进行动态插桩,以实施对敏感数据的跟踪分析。在 TaintDroid 的基础上,研究人员还研发出了其他一些应用安全性分析和防护系统,如 AppFence[21] 和 DroidBox[22] 等。除了基于 Dalvik 虚拟机的技术之外,还有基于全系统虚拟化的技术。TEMU[23] 就是一种面向桌面平台的全系统虚拟化污点分析系统,构建于 CPU 模拟器 QEMU[24] 之上。Yan 等人在 TEMU[23] 的基础上开发了一个针对 Android 平台的全系统虚拟化动态污点分析平台 DroidScope[25],它能在 CPU 指令模拟执行层面对运行于模拟器上的整个系统(包括 Android 应用和操作系统)中的信息流进行跟踪。但是,在底层实施污点分析时,并不能追踪到高级语言层面的问题,会产生不可避免的语义鸿沟,从而对污点分析工作的精度造成严重影响。

为了达到较好的分析效果,研究人员还提出了一些辅助技术,例如 Android-Ripper[26]、Dynodroid[27]、AppDoctor[28]、EvoDroid[29] 和 TrimDroid[30],它们都是系统级的应用运行驱动技术,可以在动态污点分析工作中获得较高的覆盖率。为了较为方便地在真实 Android 手机环境中部署分析机制,You 等人提出了一种称为引用劫持的技术[31],能在不刷机、不 root 设备的情况下,将动态污点分析机制植入到底层系统库中。

FlowDroid[23]是影响较大的基于 Android 的静态污点分析工具。它以过程间控制流图为基础,对静态的 Jimple 代码进行模拟执行,根据 Jimple 指令的语义跟踪敏感数据在潜在执行路径上的传播,对目标应用中可能存在的隐私泄露等危险操作进行检测分析。类似地,在 Android 应用 Java 字节码层面进行静态污点分析的系统还有 AndroidLeaks[24] 和 Apposcopy[25] 等。为了更精确地分析 Android 应用中的敏感信息流，DroidSafe[26] 对 Android 底层系统进行了建模，将其表示成与应用开发语言相匹配的 Java 程序，从而对涉及的系统底层的信息流进行跟踪分析。Jin 等人[27] 针对 HTML5 混合型移动应用，设计实现了一种 JavaScript 代码注入漏洞的静态污点分析方法。除了上述这些针对 Android 系统的分析方法之外，我们还发现了一些以苹果手机为对象的相关研究。PiOS[27] 可通过对 iOS 应用的 Mach-O 二进制可执行文件进行静态数据流分析来检测应用是否有泄露隐私的行为。

对移动应用的分析还会涉及与移动平台特性密切相关的分析任务，如组件间通信的分析[37]、电量过度消耗等资源泄露的检测[38]、权限泄露[39] 和权限重代理[40] 的检测防御等。与桌面平台相比，移动平台具有更为复杂的权限管理机制。PScout[28] 使用静态分析从 Android 系统源代码中抽取出了 API 所对应的权限规范，为 Android 应用的安全分析提供了重要的支持。Android 应用中存在大量的隐式调用，导致静态构建函数调用图是一个非常具有挑战性的任务。EdgeMiner[29] 通过静态分析 Android 的框架层代码，找到了 API 对应的函数，从中发现了隐式的转移情况并生成了函数摘要，最终将摘要集成到了已有的静态分析工具中来提高 Android 应用分析的精度。另外，对应用进行污点分析时，需要明确知道引入敏感数据的源点和会导致危险操作的危险点。Rasthofer 等人[30] 设计了一个 SVM 分类器来自动识别 Android 系统 API 中未知的源点和危险点。为了获得可供分析的代码，研究者还研发了一些从加壳后的 Android 应用中抽取 Dex 代码的工具，其中最具代表性的是 DexHunter[31] 和 PackerGrind[32]。这些分析辅助技术对提高移动应用分析工作的效能具有重要的意义。

3.3　物联网设备安全分析技术概述

物联网已逐渐成为继计算机、互联网之后，世界信息产业发展的第三次浪潮。随着物联网应用领域扩大，近年来物联网系统的安全问题愈发严重。例如，2010 年曝光的"震网病毒"[33]，攻击者利用其入侵了多国核电站、水坝、国家电网等工业与公共基础设施的操作系统，造成了大规模的破坏。2016 年爆发的现今最大规模的"IoT 僵尸网络 Mirai"，利用缓冲区漏洞、弱密码漏洞等系统漏洞控制了大量的物联网设备。

现阶段的物联网设备与应用虽然多种多样，但其操作系统主要是由各种嵌入式操作系统改进而来的，因此其逻辑架构层次在本质上与嵌入式系统架构十分相似，如图 3-9 所示。

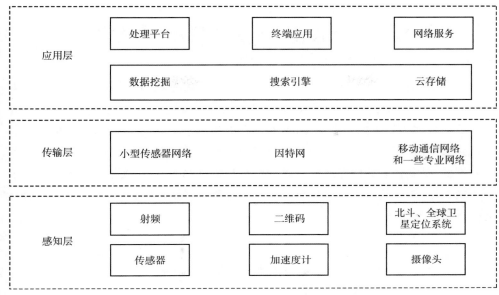

图 3-9　物联网系统架构[34]

　　物联网的感知层主要负责数据收集,其安全措施也是围绕如何保证收集数据的完整性、机密性和可鉴别性展开的。因此,它需要保障本层设备的物理及系统安全,并且为传输层提供安全通信的基础。

　　传输层主要负责安全高效地传递感知层收集到的信息。因此,传输层主要由各种网络设施组成,包括小型传感器网络、因特网、移动通信网络和一些专业网络(如国家电力网、广播网)等。虽然现阶段针对传输层通信网络的攻击仍然以传统网络攻击(如重放、中间人、假冒攻击)为主,但仅仅抵御这些攻击是不够的。随着物联网的发展,传输层中的网络通信协议会不断增多。当数据从一个网络传递到另外一个网络时,会涉及身份认证、密钥协商、数据机密性与完整性保护等诸多问题。因此,研究人员需要对日益突出的安全威胁给予更多的关注[36,37]。

　　物联网的应用层需要对收集的数据进行最终的处理和应用。应用服务程序与用户之间的联系最为紧密,因此其最重要的安全任务是时刻注意对用户隐私信息的保护[38]。

　　物联网架构中的各个层次的安全问题是相互依赖的,其最主要的体现是在数据隐私保护方面。任何一个环节出现问题,都有可能导致用户的隐私数据泄露。目前,研究人员提出了许多针对物联网设备的测试框架、安全评估模型以及入侵检测防御系统等,但这些框架与工具可检测出的安全问题并不全面,且它们的适用范围也有限。

3.4 移动设备安全分析技术发展趋势

目前常用的漏洞挖掘技术包括模型检测、模糊测试、符号执行、二进制比对等[14]。其中大部分的技术如模糊测试、符号执行等都已基本实现自动化,可以在不需要或只需要较少的人工干预的前提下,针对被测试程序和输入数据的不同特点,借助各种程序动、静态分析技术,分析深度和分析效率之间的平衡点,缓解代码覆盖率低、扩展性差等问题。现阶段的趋势是将机器学习、深度学习等技术融入漏洞挖掘领域,这些技术为解决传统漏洞挖掘的瓶颈问题提供新思路,也使得软件漏洞挖掘逐渐变得智能化。

参考文献

［1］ 中国国信网.第 47 次中国互联网络发展状况统计报告［EB/OL］.(2021-2-1)［2021-6-20］. http://www.cac.gov.cn/2021-2/3/c_1613923423079314.htm.

［2］ OWASP. Mobile Top 10 2016-Top 10 ［EB/OL］(2019-7-3)［2021-6-20］. https://www.owasp.org/index.php/Mobile_Top_10_2016-Top_10.

［3］ 方滨兴. 从层次角度看网络空间安全技术的覆盖领域［J］. 网络与信息安全学报,2015,1(1):2-7.

［4］ 卿斯汉. Android 安全研究进展［J］. 软件学报,2016,27(1):45-71.

［5］ Android ［EB/OL］.(2019-7-4)［2021-6-20］.https://www.android.com/.

［6］ IOS ［EB/OL］.(2019-7-4)［2021-6-20］.https://zh.wikipedia.org/zh/IOS.

［7］ NORD. 2019 年 Android 与 IOS 安全性对比［EB/OL］.(2019-7-3)［2021-6-20］.https://www.nordvpnw.com/2965.html.

［8］ 刘剑,苏璞睿,杨珉,等. 软件与网络安全研究综述［J］. 软件学报,2018,29(1):42-68.

［9］ 360 互联网安全中心.2018 中国手机安全生态报告 ［EB/OL］.(20190705)［2021-6-20］. http://zt. 360. cn/1101061855. php? dtid = 1101061451&did=491398428.

［10］ 张玉清,方喆君,王凯,等. Android 安全漏洞挖掘技术综述［J］. 计算机研究与发展,2015,52(10):2167-2177.

［11］ DRAKE J J, LANIER Z, MULLINER C, et al. Android Hacker's Handbook ［M］. New Jersey : Wiley.2014.

[12] 杨毅，周威，赵尚，等. 物联网安全研究综述:威胁、检测与防御[J]. 通信学报：1-24.

[13] 孙鸿宇，何远，王基策，等. 人工智能技术在安全漏洞领域的应用[J]. 通信学报，2018，39(8)：1-17.

[14] 邹权臣，张涛，吴润浦，等. 从自动化到智能化:软件漏洞挖掘技术进展[J]. 清华大学学报(自然科学版)，2018：1-16.

[15] Embedded Excellence-Total Phase [EB/OL]. [2021-6-20] https://www. totalphase.com/.

[16] YANG S J, CHOI J H, KIM K B, et al. New acquisition method based on firmware update protocols for Android smartphones[J]. Digital Investigation，2015，14：S68-S76.

[17] YANG K, ZHUGE J, WANG Y, et al. IntentFuzzer：detecting capability leaks of android applications[C]//Association for Computing Machinery, New York：ACM 2014，2014：531-536.

[18] 王蕾，李丰，李炼，等. 污点分析技术的原理和实践应用[J]. 软件学报，2017，28(4)：860-882.

[19] LIVSHITS V B, LAM M S. Finding Security Vulnerabilities in Java Applications with Static Analysis[C]// Proceedings of the 14th conference on USENIX Security Symposium-Volume 14 .Berkeley：USENIX Association,2005：18.

[20] ENCK W, GILBERT P, CHUN B-G, et al. TaintDroid：an information-flow tracking system for realtime privacy monitoring on smartphones [C]// Proceedings of the 9th USENIX conference on Operating systems design and implementation. Vancouver，BC，Canada：USENIX Association，2010：393-407.

[21] HORNYACK P, HAN S, JUNG J, et al. These Aren'T the Droids You' Re Looking for：Retrofitting Android to Protect Data from Imperious Applications[C]// Proceedings of the 18th ACM conference on Computer and communications security. NEW YORK：Association for Computing Machinery,2011：639-652.

[22] DroidBox：Android application sandbox [EB/OL].(2019-7-3)[2021-6-20]. http://code.google.com/p/droidbox/.

[23] ARZT S, RASTHOFER S, FRITZ C, et al. FlowDroid：Precise Context, Flow，Field，Object-sensitive and Lifecycle-aware Taint Analysis for Android Apps[C]// Proceedings of the 35th ACM SIGPLAN Conference on Programming Language Design and Implementation. New York：Association for Computing Machinery ACM,2014：259-269.

［24］ GIBLER C，CRUSSELL J，ERICKSON J，et al. AndroidLeaks：Auto-matically Detecting Potential Privacy Leaks in Android Applications on a Large Scale［C］// Proceedings of the 5th international conference on Trust and Trustworthy Computing.2012,291-307.

［25］ FENG Y，ANAND S，DILLIG I，et al. Apposcopy：Semantics-based De-tection of Android Malware Through Static Analysis［C］// Proceedings of the 22nd ACM SIGSOFT International Symposium on Foundations of Software Engineering. New York：Association for Computing Machinery. 2014：576-587.

［26］ I. GORDON M，DEOKHWAN K，PERKINS J，et al. Information-Flow Anal-ysis of Android Applications in DroidSafe［C］// NDSS Symposium 2015.

［27］ JIN X，HU X，YING K，et al. Code Injection Attacks on HTML5-based Mobile Apps：Characterization，Detection and Mitigation［C］// In Proceedings of the Third Workshop on Mobile Security Technologies (MoST) 2014.

［28］ AU K W Y，ZHOU Y F，HUANG Z，et al. PScout：Analyzing the An-droid Permission Specification［C］// Proceedings of the 2012 ACM confer-ence on Computer and communications security. New York：Association for Computing Machinery.2012：217-228.

［29］ CAO Y，FRATANTONIO Y，BIANCHI A，et al. EdgeMiner：Automatically Detecting Implicit Control Flow Transitions through the Android Framework ［C］// Network and Distributed System Security Symposium.2015.

［30］ RASTHOFER S，ARZT S，BODDEN E. A Machine-learning Approach for Classifying and Categorizing Android Sources and Sinks［C］// Network and Distributed System Security Symposium.2014.

［31］ ZHANG Y，LUO X，YIN H. DexHunter：Toward Extracting Hidden Code from Packed Android Applications［C］//ESORICS 2015：Computer Security -- ESORICS 2015：293-311.

［32］ XUE L，LUO X，YU L，et al. Adaptive Unpacking of Android Apps ［C］// 2017 IEEE ACM 39th International Conference on Software Engi-neering (ICSE).Buenos Aires：IEEE.2017.

［33］ LANGNER R. Stuxnet：Dissecting a Cyberwarfare Weapon［J］. IEEE Se-curity Privacy，2011，9(3)：49-51.

［34］ 彭安妮，周威，贾岩,等. 物联网操作系统安全研究综述［J］. 通信学报，2018，39(3)：22-34.

［35］ ZHU Y，YAN J，TANG Y，et al. Joint Substation-Transmission Line Vulnerability Assessment Against the Smart Grid［J］. Ieee T Inf Foren Sec，2015，10(5)：1010-1024.

［36］ ZHANG Y，LU Y，NAGAHARA H，et al. Anonymous camera for privacy protection［C］// 2014 22nd International Conference on Pattern Recognition,Stockholm：IEEE,2014.

［37］ NGUYEN K T，OUALHA N，LAURENT M. Authenticated Key Agreement Mediated by a Proxy Re-encryptor for the Internet of Things［C］// Computer Security-ESORICS 2016. Springer，Cham,2016:339-358.

［38］ ALI M Q，AL-SHAER E. Configuration-based IDS for advanced metering infrastructure［C］// Proceedings of the 2013 ACM SIGSAC conference on Computer & communications security. New York：Association for Computing Machinery 2013:451-462.

## 第 4 章

基于细粒度切片和静态分析融合的漏洞检测方法

4.1　基于细粒度切片技术的代码建模

4.1.1　程序切片

程序切片是一种分析和理解程序的技术,它通过将源程序中的每个兴趣点进行计算切片从而对程序分析理解。1979 年,Mark Weiser[1] 在他的博士论文中首次引入程序切片这个概念,并在 1981 年和 1984 年又陆续发表两篇论文,对该技术进行完善推广。Weiser 定义的切片是一个可执行的程序,通过从源程序移除一条或多条语句构造而成。他认为,一个切片与人们在调试一个程序时所做的智力抽象相对应[2]。经过多年的发展,程序切片技术日益成熟,并且在程序理解和软件测试等方面得到了大量的应用。

4.1.2　程序切片的分类

自程序切片概念提出以来,出现了基于不同角度和不同标准的定义和分类。大体上说,程序切片经历了从静态到动态、从前向到后向、从单一过程到多个过程、从过程型程序到面向对象程序、从非分布式程序到分布式程序等几个方面。

静态切片通过分析程序的源代码并在程序还未运行时进行切片来获得程序的有关信息。该技术不做任何假设,所做的分析完全以程序的静态信息为标准[3]。因此,静态切片由所有与兴趣点有关的语句组成,考虑了程序中所有可能的路径。

如果计算它对应的静态切片,则切片计算出来的该变量的值与原来的程序在任意的输入下执行时计算出的该变量的值相同。Weiser 最初提出的切片便是一种静态切片。静态切片的切片准则是一个二元组(i,v),其中 i 表示程序中的某个兴趣点,v 为 i 处的变量。

动态切片是静态切片演化而来的,由 B.lorel 和 J.Laski 于 1988 年首次提出。他们认为动态切片是源程序的一个可以执行的子集,在对某个变量输入相同的变量值时,切片和源程序将会执行相同的程序路径。相对于静态切片,动态切片只考虑在某个变量输出下程序实际执行的路径。动态切片准则是一个三元组(i,v,x),其中 i 和 v 与静态切片相同,x 是输入序列。

向前切片和向后切片中,前向切片的计算方向和程序的运行方向是一致的。传统的程序切片方案在计算切片前都会将程序建模为图的形式。后向切片的计算方向刚好相反,它是程序中影响切片准则的所有指令的集合。切片 S 是程序 P 的一个可执行程序,对于处于某个兴趣点 s 的变量 v 而言,如果切片 S 是程序 P 中可能影响 v 的值的所有语句的集合,这是一种向前切片。而向后切片是指切片 S 是程序 P 中 v 的值可能影响的语句和谓语组成的集合。

为了获得更为精确的程序切片,D.Liang 和 M.J.Harrold 首先提出了对象切片技术的概念。因为 OO 编程语言提出了一些如类、对象等新的概念,它们拥有封装、继承、消息传递等特性,所以,面向对象程序切片既要考虑到语句和数据间的依赖关系,也不能忽略各类间的关系。目前,对对象切片的研究更侧重于静态切片这一方面,而且基本都是通过扩展系统依赖图实现的。

除了上述几个方面,还存在一些其他切片方法,如准静态切片、同步动态切片、分解切片和无定形切片等。

(1)准静态切片:准静态切片计算输入的值中有些是确定值,而另一些值会不断变化。这样有利于通过确定值的输入得到核心部分的切片,而通过变化的输入可以得到需要考虑但并非核心的部分切片,使得准静态切片具备了一些动态切片的优点。计算切片时,在特定子路径执行程序 P 的过程中,可以删减部分分支,得到的切片比纯粹的静态切片简洁很多。

(2)同步动态切片:Hall 基于工程实践扩展了动态切片,将一组数据集用于程序动态切片中。同步动态切片采用了迭代算法,将初始切片逐步迭代成为大型的动态切片。通过同步动态切片可以从整体的角度分析程序中存在的问题。

(3)分解切片:分解切片是一种将程序切为不同模块的切片技术。分解切片是关注某一变量的程序切片的集合,能够捕获到这一变量在程序中的所有计算。构成分解切片的程序切片按照一定的规则排列成网格,分解切片通过使用这种网格来实现对程序的分解。分解切片技术适用于回归测试方面。

(4)无定形切片:无定形切片使用了一种更广泛的切片规则。在简化源程序的过程中,充分利用传统切片技术保留源程序语义映射的简化功能,使得它在程序领域内有着较好的作用。

除此以外,还有许多不同类型的程序切片,例如数据切片、对象切片、削片等,这些都是切片思想的延伸实现。

4.1.3 程序切片准则

计算程序切片时需要考虑切片准则,如果切片准则发生改变,计算得到的程序切片也会不同,因而程序切片准则是程序切片技术的重要环节。前文中已经涉及部分的切片准则,下面将详细介绍几种比较常见的切片准则。

静态后向切片准则是一个二元组(i,v),其中v表示程序中的一组变量,i表示程序P中的一个兴趣点。对某个兴趣点i处的变量v而言,程序P中的一个切片是可能由程序P影响i处变量v的值的所有语句构成。

动态后向切片准则是一个三元组(i,v,x),其中v表示变量的集合,i表示程序P中的一个兴趣点,x是一个输入序列。当用x输入时,一个动态切片保留P与i点的变量集合v有关的投影含义。

条件切片准则是一个四元组(i,v,x,W),其中v表示变量的集合,i表示程序P中一个兴趣点,x是输入序列,W是v中变量的逻辑约束,它表示当输入x使得条件W为真时,所有影响变量v在i处状态的语句的集合。构造条件切片时,只有满足切片条件的那部分语句才会被提取出来。

4.1.4 细粒度代码切片的提出

近年来,自然语言处理领域(Natural Language Processing,NLP)的发展十分迅速,出现了很多优秀的方法和模型。在NLP的预处理中也存在与切片技术相似的方法。例如,为了解决网络数据不规范、口语化、碎片化等问题,可以利用分词、去停用词、特征提取等手段去除文本中的噪声来对数据进行预处理。其中,分词的主要工作是去除对文本挖掘过程无意义的词以及标点等。它们通常都会大量存在于文本中,但是并不具备深层次的语义信息,并且对于向量化表示也没有帮助。因此,需要将它们进行清洗,进一步地提高特征选取的效率以及准确率。除此之外,还需要根据文本中单词出现的频率进行去噪。部分低频词出现概率较低,不能准确表达文本特征,所以可以通过术语频率-逆文档频率(Term Frequency-Inverse Document Frequency,TF-IDF)等特征提取方法设置相关的阈值,实现对文本的二次清洗。

虽然程序语言处理和自然语言处理在一些方面存在相似之处,但程序语言比自然语言具有更丰富和复杂的结构信息,因此无法直接将自然语言处理中的一些方法应用于程序语言处理中。但我们可以借鉴自然语言处理中的一些思想对程序语言进行相似的操作。例如,对源代码进行切片去除代码中冗余的部分,将关注点集中在与兴趣点有关的语句上,从而提高程序语言处理任务的准确性和效率。

源代码切片粒度按照其切片时考虑的细节多少可以分为细粒度和粗粒度,由粗粒度到细粒度可以大致划分为:文件、类、函数、代码段、语句、表达式。目前,一些比较流行的基于经验规则和词法分析的代码漏洞检测工具大多是以文件为粒度进行检测,相较于面向函数和代码段级别的漏洞检测技术,其误报率(False Positive Rate,FPR)和漏报率(False Negative Rate,FNR)要高很多。

为此,本章提出基于细粒度代码切片和静态分析融合的漏洞检测方法,主要针对的是细粒度代码切片在源代码漏洞检测任务上的应用。进行细粒度代码切片的好处有以下几个方面。

第一,对程序进行切片,可以剔除与漏洞无关的冗余信息,只保留与漏洞有关的信息,避免无关信息的干扰,从而降低 FPR 和 FNR。而进行细粒度代码切片,可以使信息更加集中,提高检测速度。

第二,细粒度代码切片可以进行控制流和数据流分析。通过解析源代码,生成抽象语法树(Abstract Syntax Tree,AST)、控制流图(Control Flow Graph,CFG)、数据流图(Data Flow Graph,DFG)和程序依赖图(Program Dependence Graph,PDG)等,将源代码转换成中间表示形式,然后提取中间表示的语义信息。例如,将源代码转换为图结构的中间表示,可以根据图中的节点信息和边信息以特定的方法筛选出满足任务需求的节点和边。因此,对代码进行细粒度切片可以更充分地考虑代码的语法和语义信息。

第三,细粒度代码切片不光可以应用于代码漏洞检测,也可以很好地完成一些下游任务,例如,代码克隆检测、方法名预测、代码摘要等。

4.1.5　细粒度代码切片方法

在细粒度代码切片的研究中,Li[4] 等人通过对程序进行面向语句级别的细粒度切片,得到在数据依赖或控制依赖上存在语义相关性的一系列程序语句(Code Gadgets,CGD),并在此基础上实现了一个基于深度学习的漏洞检测系统 Vul-DeePecker。为了生成 CGD,作者提出了"关键点(key point)"的启发式概念,这个概念可以理解为漏洞的"中心"或暗示漏洞存在的代码段。例如,漏洞可以由不正确的使用库/API 函数调用、数组、指针等引起,则库/API 函数调用、数组、指针为引发该漏洞出现的 key point。

然而,VulDeePecker 这篇文章将库/API 函数调用作为 key point,只考虑到了与数据依赖相关的语义信息,对编程语言更为复杂的语义信息并未进行考查或者考查得不全面,导致其无法学习到真正导致漏洞产生的本质原因,进而产生漏报或误报。由于在复杂漏洞场景下漏洞源代码文本差异较大,漏洞类型多种多样,并且部分细粒度漏洞的漏洞特征不明显,如果无法学习到漏洞的本质成因,则难以有效地进行漏洞检测。

鉴于现有方法缺乏对代码语义信息的全面建模,以及对漏洞的关键特征的准确识别,需要探索并实现一种有效的代码语义信息建模方法以解决此问题。代码中间表示能够对代码的语义信息进行抽象,有效地表达程序的控制流、程序依赖等语义特征,是程序分析中对代码语义信息进行建模的常用手段。将源代码转换为中间表示形式,如 AST、CFG、PDG,分别对代码的语法结构、控制流转移、程序依赖等信息进行建模,可以实现对代码语义信息的充分表征。

因此,本章利用代码中间表示并基于 VulDeePecker 中的代码段粒度对代码进行切片。主要步骤为:首先将源代码解析为代码属性图(Code Property Graph,CPG)[5],然后利用其中的控制流和数据流以及控制依赖和数据依赖信息进行切片,最终输出 CGD。其中,CPG 的定义如下:

定义 6.1 $G=(V,E,\lambda,\mu)$ 是一个有向的、边具有标记的由 AST、CFG 和 PDG 构成的属性多重图,其中 V 是节点的集合,由 AST 的节点构成,E 是有向边的集合,由 AST、CFG 和 PDG 的边的并集构成。函数 $\lambda:E\rightarrow\Sigma$ 对边进行标记,其中 Σ 是标记符号的集合,由 AST、CFG 和 PDG 的标记函数的并集构成。函数 $\mu:(V\cup E)\times K\rightarrow S$ 为节点和边赋予属性,其中 K 是属性的键的集合,S 是属性的值的集合,由 AST 和 PDG 的属性函数的并集构成。

本章使用 C/C++代码分析工具 Joern[6] 将源代码解析为 CPG。Joern 是一个用于对 C/C++代码进行鲁棒性分析后生成 CPG 的工具,可以通过对树和图的处理,提取代码中丰富的语法和语义信息。CPG 包含语法结构、控制流、控制依赖、数据依赖等多种语义信息,是用于跨语言代码分析的代码图形表示形式。基于 CPG 和 PDG 等中间表示进行细粒度代码切片,可以剔除冗余信息的干扰,只关注与漏洞相关的代码,对代码的语义信息进行充分表征,降低漏洞检测任务的 FPR 和 FNR。

VulDeePecker 的切片方法使用的是 Checkmark[7]工具,根据给定的规则提取数据中库/API 函数调用的数据依赖。但 Checkmark 是商业软件,因此本章使用开源软件 Joern 来完成源代码分析的工作,并且同时考虑库/API 函数调用的控制依赖和数据依赖。在 CFG 的基础上,增加控制依赖可以构造出控制依赖图(Control Dependence Graph,CDG)。同理,增加数据依赖可以构造出数据依赖图(Data Dependence Graph,DDG)。而将 CDG 和 DDG 合并在一起,则可以得到 PDG。上述的这一过程,在 CFG 的基础上不断地增加代码的语义信息,可以更充分地进行代码表征。因此,本章在 VulDeePecker 的基础上增加了控制依赖,这会比 VulDeePecker 切片出来的代码中包含更多的语义信息,在进行漏洞检测任务时可以提高静态分析工具的检测效率。

　　本章构建漏洞检测模型的方法是将已有的切片和静态检测两个部分组合在一起。已有的切片是指上文中提到的 CGD。将 CGD 视为源代码,使用静态检测工具进行漏洞检测。基于源代码的静态漏洞检测是指不运行程序,直接扫描源代码,在程序的语法和语义上理解程序的行为,根据专家预定义的漏洞特征和安全规则来检测漏洞。关于具体的切片方法实现和本章使用的静态检测工具等内容,在 4.2 节中会详细介绍。

4.2　基于细粒度切片代码模型的检测引擎构建方法

4.2.1　Flawfinder 和 RATS

　　随着软件复杂度的提升,漏洞的情形变得复杂多样。在这种情况下,大多数源代码漏洞检测方法在检测漏洞,尤其是特征不明显的细粒度漏洞时,准确率会大大降低。

　　基于经验规则的方法通过匹配目标代码中专家预定义的词法缺陷模式检测漏洞。例如,Flawfinder[8] 和 RATS(Rough Auditing Tool for Security)[9] 是两个被广泛应用的基于规则的源代码安全性自动挖掘工具,它们使用词法分析的方式在目标程序内匹配该数据库中预先定义的漏洞模式,从而实现漏洞挖掘。然而,该类方法大量依赖专家知识,并且其预定义的漏洞模式较为刻板单一,没有考查代码的语义信息,一旦漏洞情形与规则存在差异,即使语义相同,也会产生误报或漏报,使得其无法适应复杂多变的漏洞场景。

　　对代码进行细粒度切片,可以更充分地考虑代码的语义信息,并剔除与漏洞无关的冗余信息,在一定程度上能够降低 Flawfinder 和 RATS 这两种工具的 FPR 和 FNR。以下是关于这两种基于词法分析工具的介绍。

　　Flawfinder 是于 2001 年发布的一种基于 Python 实现的静态代码检测的工具。Flawfinder 通过扫描 C/C++程序进行安全审查,快速识别漏洞并按照危险等级进行排序产生一个漏洞列表。它内嵌了一些常见的程序漏洞数据库,比如缓冲区溢出、格式化串漏洞等。Flawfinder 扫描速度快,在对大规模程序进行检测时效率高,也因此导致其对数据类型不敏感,可检查的漏洞有限。此外,Flawfinder

属于基于词法分析的工具,无法进行控制流和数据流分析,在进行漏洞检测时,FPR 比较高。

RATS 是一种能够扫描 C、C＋＋、Perl、PHP 和 Python 源码的代码安全审计工具。RATS 能够检测出一些代码常见的安全问题,如缓冲区溢出和检查时间、使用时间(Time of Check、Time of Use、TOCTOU)等,并且最终提供漏洞清单和修改意见。和 Flawfinder 一样,RATS 适用于检测处理大规模程序,检测效率高,但由于采用了代码混淆技术,导致扫描结果 FNR 较高,分析不精确。

4.2.2 模型构建

针对上述内容,本章提出了一种基于细粒度切片代码和静态分析融合的漏洞检测引擎,其整体流程为:首先,对程序使用 Joern 工具解析源代码,生成 CPG(代码属性图);然后,根据 CPG 中的控制流、数据流、控制依赖和数据依赖信息进行切片,生成 CGD(Code Gadgets)并对其进行标记;最后,在 CGD 上使用 Flawfinder 和 RATS 两种静态代码检测工具进行漏洞检测。如图 4-1 所示为基于细粒度切片代码模型的漏洞检测引擎的整体框架。总体分为三个步骤:生成代码属性图、切片和检测漏洞。

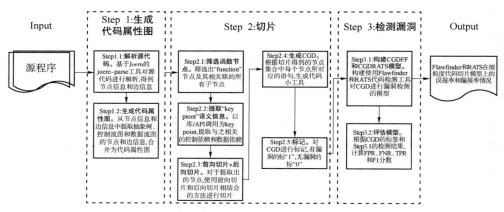

图 4-1　基于细粒度切片代码模型的漏洞检测引擎整体框架

图中虚线框代表一个大步骤,虚线中的每一个实线框表示大步骤中的小步骤,箭头表示流程的顺序

1. 生成代码属性图

首先,基于 Joern 0.3.1 的 joern-parse 工具对源代码进行解析,其在代码的解析阶段会将代码转换为 CPG,其中包含 AST、CFG、DFG 和 PDG 等结构,并生成 nodes.csv 和 edges.csv 文件。表 4-1 和表 4-2 分别表示 CPG 中主要的节点类型和边类型,nodes.csv 和 edges.csv 文件中包含的信息如图 4-2 所示。

表 4-1　代码属性图主要节点类型

节点	类型
函数	Function
抽象语法树	AST
语句	Statement
符号	Symbol
文件和目录	File、Directory
结构体/类声明	Class
变量声明	DeclStmt
控制流图入口	CFGEntryNode
控制流图出口	CFGExitNode

表 4-2　代码属性图主要边类型

边	类型
文件所属关系	IS_FILE_OF
目录所属关系	IS_PARENT_DIR_OF
抽象语法树函数关系	IS_FUNCTION_OF_AST
抽象语法树根节点关系	IS_AST_PARENT
控制依赖	CONTROLS
控制流	FLOWS_TO
数据依赖	REACHES
变量使用	USE
变量定义	DEF

```
1    /* Stack Overflow */
2    #define BUFSIZE 256
3    int main(int argc, char **argv) {
4    char buf[BUFSIZE];
5    strcpy(buf, argv[1]);
6    }
```

（a）一个简单的堆栈溢出的代码片段

```
1   command key type    code    location    functionId  childNum  isCFGNode  operator  baseType  completeType  identifier
2   ANR 23966   File    Stack_overflow.c
3   ANR 23967   Function    main    3:0:41:116
4   ANR 23968   FunctionDef "main (int argc , char * * argv)"        23967    0
5   ANR 23969   CompoundStatement       3:32:73:116 23967  0
6   ANR 23970   IdentifierDeclStatement char buf [ BUFSIZE ] ;  4:0:75:92  23967   0    True
7   ANR 23971   IdentifierDecl  buf [ BUFSIZE ]     23967    0
8   ANR 23972   IdentifierDeclType  char [ BUFSIZE ]    23967   0
9   ANR 23973   Identifier  buf     23967    1
10  ANR 23974   Identifier  BUFSIZE     23967    2
11  ANR 23975   ExpressionStatement "strcpy ( buf , argv [ 1 ] )"   5:0:94:114  23967   1   True
12  ANR 23976   CallExpression  "strcpy ( buf , argv [ 1 ] )"       23967    0
13  ANR 23977   Callee  strcpy      23967    0
14  ANR 23978   Identifier  strcpy      23967    0
15  ANR 23979   ArgumentList    buf     23967    1
16  ANR 23980   Argument    buf     23967    0
17  ANR 23981   Identifier  buf     23967    0
18  ANR 23982   Argument    argv [ 1 ]      23967    1
19  ANR 23983   ArrayIndexing   argv [ 1 ]      23967    0
20  ANR 23984   Identifier  argv        23967    0
21  ANR 23985   PrimaryExpression   1       23967    1
22  ANR 23986   ReturnType  int     23967    1
23  ANR 23987   Identifier  main        23967    2
24  ANR 23988   ParameterList   "int argc , char * * argv"      23967    3
25  ANR 23989   Parameter   int argc    3:9:50:57   23967   0    True
26  ANR 23990   ParameterType   int     23967    0
27  ANR 23991   Identifier  argc        23967    1
28  ANR 23992   Parameter   char * * argv   3:19:60:70  23967   1    True
29  ANR 23993   ParameterType   char * *        23967    0
30  ANR 23994   Identifier  argv        23967    1
31  ANR 23995   CFGEntryNode    ENTRY       23967    True
32  ANR 23996   CFGExitNode EXIT        23967    True
33  ANR 23997   Symbol  argc    23967
34  ANR 23998   Symbol  buf 23967
35  ANR 23999   Symbol  * argv  23967
36  ANR 24000   Symbol  argv    23967
```

（b）使用joern工具对（a）中代码片段分析后生成的节点信息

图 4-2　nodes.csv 和 edges.csv 文件中包含的信息

	start	end	type	var		start	end	type	var
1	start	end	type	var					
2	23971	23972	IS_AST_PARENT		33	23989	23997	DEF	
3	23971	23973	IS_AST_PARENT		34	23970	23998	DEF	
4	23971	23974	IS_AST_PARENT		35	23971	23998	DEF	
5	23970	23971	IS_AST_PARENT		36	23975	23998	USE	
6	23969	23970	IS_AST_PARENT		37	23980	23998	USE	
7	23977	23978	IS_AST_PARENT		38	23975	23999	USE	
8	23976	23977	IS_AST_PARENT		39	23982	23999	USE	
9	23980	23981	IS_AST_PARENT		40	23992	24000	DEF	
10	23979	23980	IS_AST_PARENT		41	23975	24000	USE	
11	23983	23984	IS_AST_PARENT		42	23983	24000	USE	
12	23983	23985	IS_AST_PARENT		43	23970	23975	REACHES	buf
13	23982	23983	IS_AST_PARENT		44	23992	23975	REACHES	argv
14	23979	23982	IS_AST_PARENT		45	23995	23989	CONTROLS	
15	23976	23979	IS_AST_PARENT		46	23995	23992	CONTROLS	
16	23975	23976	IS_AST_PARENT		47	23995	23970	CONTROLS	
17	23969	23975	IS_AST_PARENT		48	23995	23975	CONTROLS	
18	23968	23969	IS_AST_PARENT		49	23970	23975	DOM	
19	23968	23986	IS_AST_PARENT		50	23975	23996	DOM	
20	23968	23987	IS_AST_PARENT		51	23995	23995	DOM	
21	23989	23990	IS_AST_PARENT		52	23995	23989	DOM	
22	23989	23991	IS_AST_PARENT		53	23989	23992	DOM	
23	23988	23989	IS_AST_PARENT		54	23992	23970	DOM	
24	23992	23993	IS_AST_PARENT		55	23996	23996	POST_DOM	
25	23992	23994	IS_AST_PARENT		56	23996	23975	POST_DOM	
26	23988	23992	IS_AST_PARENT		57	23989	23995	POST_DOM	
27	23968	23988	IS_AST_PARENT		58	23992	23989	POST_DOM	
28	23995	23989	FLOWS_TO		59	23975	23970	POST_DOM	
29	23989	23992	FLOWS_TO		60	23970	23992	POST_DOM	
30	23992	23970	FLOWS_TO		61	23967	23968	IS_FUNCTION_OF_AST	
31	23970	23975	FLOWS_TO		62	23967	23995	IS_FUNCTION_OF_CFG	
32	23975	23996	FLOWS_TO		63	23966	23967	IS_FILE_OF	

（c）生成的边信息

图 4-2　nodes.csv 和 edges.csv 文件中包含的信息（续）

除了表 4-1 中提到的主要节点之外，还有很多特殊的节点，如函数调用节点（CallExpression）、赋值表达式节点（AssignmentExpr）、条件语句的条件节点（Condition）、返回语句节点（ReturnStatement）、数组表示符节点（ArrayIndexing）等。表 4-2 中的边表示两个节点之间具有指向性的关系，给出以下定义：a 和 b 为两个节点，定义 $a-[:r]\rightarrow b$ 表示 a 和 b 两个节点通过类型为 r 的边相连，且 a 指向 b。若 r 为"IS_FILE_OF"，则表示 a 是 b 中的文件，若 r 为"CONTROLS"或"REACHES"，则表示 a 和 b 存在控制依赖和数据依赖，且 b 依赖于 a。不同的边类型连接不同的节点会产生不同的语义信息，对这些特殊节点和边的适当应用，可以实现对代码语义信息的充分表征。

图 4-2(a)中是一个简单的关于 strcpy 函数的堆栈溢出漏洞，总共有三条语句

和一个预处理指令。Joern 解析源代码之后的节点信息不包含预处理指令,因为预处理指令是编译前的处理,在编译之后便不存在了。如(a)中的"♯ define BUFSIZE 256"是将程序中所有变量名为"BUFSIZE"的变量宏定义为 256,因此在(b)中没有相关的节点信息。而三条语句对应的节点信息分别如表 4-3 所示。

表 4-3　图 4-2(a)中三条语句对应的节点信息

代码	节点	信息
main(int argc, char * * argv)	FunctionDef	函数定义节点
char buf[BUFSIZE];	IndentifierDeclStatement	变量定义声明语句
strcpy(buf, argv[1])	CallExpression	函数调用表达式

每一个语句节点除了表示表中的信息之外,还会和其他节点以边相连,如"strcpy(buf, argv[1])"除了表示函数调用信息之外,还存在"buf"的变量信息和"argv[1]"的数组信息。可以通过数据流分析和控制流分析,提取出与此函数调用相关的节点,并能追踪出影响"buf"和"argv[1]"的语句节点。因此,对 Joern 解析源代码生成的节点信息和边信息做适当的处理,可以提取出丰富的代码语义信息,将程序语言中复杂的结构转换为更易处理的中间表示形式。

然后,从 nodes.csv 和 edges.csv 中提取 AST、CFG、DFG 和 PDG 的信息,将这些图信息合并为一个名为 CPG 的联合图结构。如图 4-3 所示为一个堆栈溢出的代码片段在使用 Joern 工具解析后生成的 CPG 的样例,其中(a)表示一个缓冲区溢出的漏洞代码片段,包含变量声明语句、"while"语句、函数调用语句等,(b)中表示的 CPG 是根据这些语句对应的节点信息和边信息,提取出控制依赖和数据依赖,一些无关的节点在图中则为孤立状态,如"char * dataGoodBuffer = (char *)AL-LOCA((10+1) * sizeof(char));"这条语句跟其他语句没有任何联系,后续的节点也没有使用其中的"dataGoodBuffer"变量。因此,当进行切片时,此节点将会被视为无关节点并剔除。

2. 切片

首先,从生成的 CPG 中提取节点信息和边信息,筛选出类型为"Function"的节点,将每一个"Function"节点作为根节点,筛选出与其相关联的所有子节点。

然后,根据 VulDeePecker 中"key point"的启发式概念,以库/API 函数调用为 key point 提取代码语义信息。本章使用 SySeVR[10] 中提供的易出现漏洞的库/API 调用函数列表。一些库/API 调用函数有很大概率会导致安全问题,如 CWE-119 中的 memcy 和 strcpy 函数。若在筛选出的节点中存在列表中的敏感函数,则以此敏感函数出现的节点为根节点,提取出通过"CONTROLS"和"REACHES"类型的边与之相连的语句节点信息,即从源代码中筛选出包含控制依赖和数据依赖的语义信息。语句节点是指节点信息中存在"code"属性的节点,即"code"值不为空。"code"值为该语句节点在源代码中对应的代码语句。同时,CPG 中的每一个语句节点通过"CONTROLS"或"REACHES"边与其他类型节点相连,包含变量、指针、函数调用等重要信息。

```
28    void CWE121_Stack_Based_Buffer_Overflow__CWE193_char_alloca_memmove_16_bad()
29    {
30        char * data;
31        char * dataBadBuffer = (char *)ALLOCA((10)*sizeof(char));
32        char * dataGoodBuffer = (char *)ALLOCA((10+1)*sizeof(char));
33        while(1)
34        {
35            /* FLAW: Set a pointer to a buffer that does not leave room for a NULL terminator when performing
36             * string copies in the sinks */
37            data = dataBadBuffer;
38            data[0] = '\0'; /* null terminate */
39            break;
40        }
41        {
42            char source[10+1] = SRC_STRING;
43            /* Copy length + 1 to include NUL terminator from source */
44            /* POTENTIAL FLAW: data may not have enough space to hold source */
45            memmove(data, source, (strlen(source) + 1) * sizeof(char));
46            printLine(data);
47        }
48    }
```

(a)源代码片段

(b)代码属性图

图 4-3　一个堆栈溢出的代码片段在使用 Joern 工具解析后生成的 CPG 的样例
(a)为一个缓冲区溢出漏洞的代码片段,(b)为(a)的简易的代码属性图,其中矩形代表节点,
矩形中的数字和代码分别表示节点在源代码文件中的行数和代码,实线箭头表示数据依赖,
虚线箭头表示控制依赖

对于上一步中提取出的节点,使用前向切片和后向切片相结合的方法进行切片,即对前向调用的函数使用前向切片,对于后向调用的函数使用后向切片。在 VulDeePecker 中,作者通过人工定义前向函数和后向函数来进行切片,本章中使用的 Joern 可以直接分析出函数的前后向调用。因此,本章参考 ReVeal[11] 中开源的切片方法,直接对筛选出来的节点同时进行前向切片和后向切片,最后将前向切片和后向切片得到的节点拼接起来,得到最终的切片节点集合。

根据切片得到的节点集合中每个节点所对应的语句,生成 CGD。对切片得到的节点按照其在代码段中的位置顺序排序,并将重复的语句节点进行去重处理,即删除重复的节点。如图 4-4 所示为一个堆栈溢出漏洞的代码片段生成的 CGD 样例,以"memmove"为敏感函数节点,提取图 4-3(a)中与此节点相关的控制依赖和数据依赖信息,按照原有的代码顺序排序去重后得到的就是与"memmove"函数节点相关的 CGD。可以看出,在经过细粒度代码切片之后,一些与敏感函数无关的语句被剔除,只保留与敏感函数相关的语句。在后续使用代码检测工具检测 CGD时,只需要检测经过控制流分析和数据流分析后与敏感函数相关的代码。

```
2   char * data;
3   char * dataBadBuffer = (char *)ALLOCA((10)*sizeof(char));
4   while(1)
5   data = dataBadBuffer;
6   data[0] = '\0';
7   char source[10+1] = SRC_STRING;
8   memmove(data, source, (strlen(source) + 1) * sizeof(char));
9   1
10  ------------------------------
```

图 4-4　图 4-2(a)中源代码片段经过细粒度切片后得到的 CGD

最后,对生成的每一个 CGD 进行标记,对于含有漏洞行的代码片段生成的CGD 需标"1",不含漏洞行的代码片段生成的 CGD 则标"0"。如图 4-4 所示,在代码段的最后有每个 CGD 的标签,本例中的 CGD 是由存在堆栈溢出漏洞的源代码生成的,因此其标签为"1"。

3. 检测漏洞

首先,构建使用 Flawfinder 和 RATS 代码检测工具对生成的 CGD 分别进行漏洞检测的模型——CGDFF 和 CGDRATS 模型。模型的输入是经过细粒度代码切片后生成的 CGD,输出是 Flawfinder 和 RATS 在 CGD 上的检测结果。

然后,根据 CGD 的标签和得到的检测结果,计算其 FPR、FNR、召回率(True Positive Rate,TPR)、精确率(Precision,P)和 F1 分数,即检验 Flawfinder 和RATS 在细粒度代码切片模型上的表现。

4.3　基于细粒度切片的代码安全静态检测实验验证

4.3.1　数据集

实验使用的数据集是 Devign[12] 中收集的两个真实漏洞数据集:FFmpeg 和QEMU。Devign 团队对四个流行的大型 C 语言开源项目(Linux Kernel、QEMU、Wireshark 和 FFmpeg)进行了评估,对函数是否存在漏洞进行了人工标记,生成了真实漏洞数据集。做法如下:首先,收集与安全相关的提交,将其标记为有漏洞的提交和无漏洞的提交。然后,从已标记的提交中分别提取有漏洞和无漏洞的函数。

具体而言,对于修复漏洞的提交,将修复之前的函数标记为有漏洞的函数,修复之后的函数标记为无漏洞的函数;对于没有修复漏洞的提交,则从修复之前的函数中提取无漏洞的函数。由于 Devign 只公开了 FFmpeg 和 QEMU 这两个数据集,并且这两个数据集的代码和漏洞标记都来自真实世界,可以反映本章模型在真实场景中的漏洞检测情况,所以实验使用这两个数据集对本章模型进行评估。表 4-4 为实验收集的 FFmpeg 和 QEMU 的数据分布情况。

表 4-4　FFmpeg 和 QEMU 的数据分布情况

数据集	有漏洞	无漏洞
FFmpeg	1347	1281
QEMU	1724	2049

4.3.2　实验环境

本章的实验运行环境为 Inter Xeon Silver 4116 @ 2.10 GHz 中央处理器(Central Processing Unit,CPU)和 64 GB 随机存取存储器(Random Access Memory,RAM),编程语言为 Python。

4.3.3　评估指标

实验主要评估 Flawfinder 和 RATS 两个工具在进行细粒度代码切片后的表现。使用的评价指标包括:FPR、FNR、TPR、P 和 F_1 分数。各个指标的计算方式如下:

$$FPR = \frac{FP}{FP + TN}$$

$$FNR = \frac{FN}{TP + FN}$$

$$TPR = \frac{TP}{TP + FN}$$

$$P = \frac{TP}{TP + FP}$$

$$F_1 = \frac{2 \cdot P \cdot TPR}{P + TPR}$$

式中,FP 为本身为负例,但被错分为正例的样本数量;FN 为本身为正例,但被错分为负例的样本数量;TP 为本身为正例,同时也被正确分类为正例的样本数量;TN 为本身为负例,同时也被正确分类为负例的样本数量。FPR 表示假阳性指标,即整个没有漏洞的数据中的样本被检测为漏洞的比率;FNR 表示假阴性指标,即整个有漏洞的数据中的样本被检测为没有漏洞的比率;TPR 表示真阳性指标,也称召回率,即整个有漏洞的数据中的样本被正确检测为漏洞的比率;P 表示精确率,测量样本被检测到漏洞的正确性;F_1 分数为 P 和 TPR 的调和平均值,更能反映工具的检测效果。

为了便于叙述,下文将使用 FP 代表本身不存在漏洞但被检测为存在漏洞的样本数量,使用 FN 代表本身存在漏洞但被检测为不存在漏洞的样本数量,使用 TP 代表本身存在漏洞同时也被检测为存在漏洞的样本数量,使用 TN 代表本身不存在漏洞同时也被检测为不存在漏洞的样本数量。

4.3.4　实验结果

表 4-5 和表 4-6 分别为 Flawfinder 和 RATS 基于 FFmpeg 和 QEMU 这两个数据集进行细粒度代码切片之后的检测结果。由表中结果可以看出,Flawfinder 在 FFmpeg 数据集上的 F_1 分数在 52% 左右,比 QEMU 数据集的 42% 要高 10%。Flawfinder 在 FFmpeg 和 QEMU 数据集上的 F_1 分数均高于 RATS 在这两个数据集上的 F_1 分数,说明 Flawfinder 对于切片之后的数据检测能力要优于 RATS。从 FPR 来看,Flawfinder 的 FPR 均高于 RATS;而从 FNR 来看,Flawfinder 的 FNR 明显低于 RATS,其中 Flawfinder 在 FFmpeg 数据集上的 FNR 要比 RATS 低 48%。由此可见,Flawfinder 的整体漏洞检测能力要优于 RATS,对于切片后代码的检测情况,Flawfinder 表现更好。

表 4-5　Flawfinder 在 FFmpeg 和 QEMU 的 CGD 上的检测结果

数据集	误报率 (%)	漏报率 (%)	召回率 (%)	精确率 (%)	F_1 分数 (%)
FFmpeg	50.90	47.14	52.86	52.20	52.53
QEMU	38.81	60.77	39.23	45.92	42.31

表 4-6　RATS 在 FFmpeg 和 QEMU 的 CGD 上的检测结果

数据集	误报率 (%)	漏报率 (%)	召回率 (%)	精确率 (%)	F_1 分数 (%)
FFmpeg	7.10	93.02	6.98	50.81	12.27
QEMU	10.87	87.64	12.36	48.85	19.73

4.3.5　总结

通过本次实验可以看出,基于细粒度代码切片的技术也可以应用于传统的基于规则的源代码安全性自动挖掘工具,如 Flawfinder 和 RATS 等。这在一定程度上可以弥补基于词法分析的工具无法考虑代码语义信息的缺陷,使这些工具可以应用于更加复杂的场景,提高漏洞检测的效率。但从本章实验得出的结果可以看出,基于细粒度代码切片技术应用于基于规则和词法分析的工具所能提升的效果有限,但这不能否认细粒度代码切片技术在漏洞检测方面的效益。

目前,在基于细粒度代码切片技术和神经网络的源代码漏洞检测方面已经有了很多研究,如 VulDeePecker[4] 根据"key point"启发式概念将源代码切片成 CGD,然后在向量化 CGD 之后将其输入双向长短期记忆网络(Bi-directional Long Short-Term Memory,Bi-LSTM)进行训练。虽然 VulDeePecker 相比于传统的基于词法分析工具有更低的 FPR 和 FNR,但其只考虑了与库/API 函数调用相关的漏洞,且只关注了由数据依赖引起的语义信息。SySeVR[10] 在 VulDeePecker 的基础上加上了与数组、指针和算数表达式相关的漏洞,并同时考虑了控制依赖和数据依赖,将 Bi-LSTM 替换为了双向门控循环单元(Bi-directional Gated Recurrent Unit,BGRU),可以捕获到更多的语法和语义信息。可以看出,基于细粒度代码切片技术可以很好地提升神经网络在源代码漏洞检测上的检测结果,而基于神经网络的漏洞检测可以改善传统的基于规则和词法分析工具的高误报和高漏报的情况。

因此,对于基于细粒度代码切片技术的研究在漏洞检测方向十分重要,未来可以考虑在现有的基础上增加更多的语法和语义信息以便更加全面地分析程序,如过程间的函数调用、跨文件的函数调用、类和继承等。此外,基于细粒度代码切片的技术不只可以应用于漏洞检测方向,在一些下游任务中也会有很好的泛化性,未来可以考虑将细粒度代码切片技术应用于代码克隆检测、代码摘要和方法名预测等。

总体而言,本章提出了一个基于细粒度切片代码模型的检测引擎,通过将源代码解析为 CPG 进行细粒度切片,然后使用基于规则的源代码漏洞检测工具(Flawfinder 和 RATS)检测切片之后的 CGD 文件。在经过细粒度切片之后的代码可以剔除冗余信息,在一定程度上可以降低漏洞检测工具的误报率(FPR)和漏报率(FNR)。

参 考 文 献

[1]   MD Weiser. Program slices: Formal, psychological, and practical investigations of an automatic program abstraction method. University of Michigan, 1979.

［2］ 李必信,郑国梁,王云峰,等.一种分析和理解程序的方法——程序切片［J］.计算机研究与发展,2000(3):284-291.

［3］ 王伟,陈平.程序切片技术综述［J］.微电子学与计算机,2002(8):25-27.

［4］ Zhen L,Zou D,Xu S,et al. VulDeePecker:A Deep Learning-Based System for Vulnerability Detection［C］// Network and Distributed System Security Symposium,2018.

［5］ Yamaguchi F,Golde N,Arp D,et al.Modeling and Discovering Vulnerabilities with Code Property Graphs［C］. Proceedings of the 2014 IEEE Symposium on Security and Privacy,2014:590-604.

［6］ Joern［OL］.［2021-4-25］.https://joern.io/.

［7］ Checkmark［OL］.［2021-4-25］.https://www.checkmarx.com/.

［8］ FlawFinder［OL］.［2021-4-25］. http://www.dwheeler.com/flawfinder.

［9］ Rough Audit Tool for Security［OL］.［2021-4-25］. https://code.google.com/archive/p/rough-auditing-tool-for-security/.

［10］ Li Z,Zou D,Xu S,et al. SySeVR:A Framework for Using Deep Learning to Detect Software Vulnerabilities［J］. IEEE Transactions on Dependable and Secure Computing,2021,99:1-1.

［11］ ReVeal［OL］.［2021-4-25］. https://github.com/lanrenmn/ReVeal/tree/master/code-slicer.

［12］ Zhou Y,Liu S,Siow J,et al. Devign:Effective Vulnerability Identification by Learning Comprehensive Program Semantics via Graph Neural Networks ［J］,2019.

## 第 5 章

基于注意力网络的终端代码安全静态分析方法

为了解决传统终端代码安全静态分析方法中大量依赖专家定义代码漏洞模式,并且准确率较低的问题,针对常见编码方式无法充分体现程序语义信息及漏洞与非漏洞代码类间差异小的难点,研究并实现了一种基于注意力网络的终端代码安全静态分析方法。如图 5-1 所示为本方法的整体框架示意图,本方法通过三个步骤,对目标程序源代码进行漏洞检测。

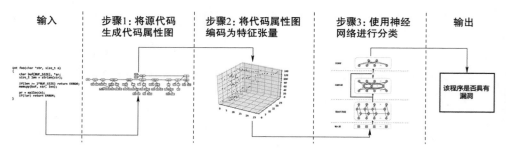

图 5-1　基于注意力网络的终端代码安全静态分析方法框架示意图

(1) 第一步:代码属性图生成

对代码的漏洞特征进行学习的前提是对代码的特征信息进行充分表示,程序源代码的语义信息在代码特征表示中尤为重要,其直接决定了模型进行特征学习的难易程度。在程序分析任务中,代码的抽象图结构是对程序语义信息进行表示的一种有效方法,其将顺序的代码文本按照语义结构转换为图,从而直观地表示代码中不同元素之间的语义关系,而 CPG 是目前语义信息最为充分的抽象图结构之一。因此,在本步骤中基于程序源代码生成 CPG,对代码的语义特征进行表示。

(2) 第二步:特征张量编码

深度学习中的神经网络模型要求输入为固定形状的张量形式数据,因此需要实现一种对代码进行表示及编码的算法作为连接程序抽象图结构和神经网络模型的桥梁。为此,本章提出了 CPG 的特征张量的概念,并设计了一种针对 CPG 进行编码的规则,实现了一种按照该编码规则生成 CPG 的特征张量的算法。在本步骤中生成的特征张量极大地保留了 CPG 中的语义信息,为后续神经网络的训练和预测提供了有效的支持。

(3)第三步:神经网络训练与预测

最后,针对传统静态漏洞检测大量依赖专家知识的问题,本章采用深度学习的方法,对神经网络模型进行训练从而自动对漏洞代码模式进行学习,并使用训练完毕的神经网络模型对目标程序的特征张量进行分类,从而预测该程序是否具有漏洞。由于程序代码存在向前和向后依赖,模型的主体由 Bi-LSTM 构建而成。并且针对漏洞与非漏洞代码类间差异小的问题,在 Bi-LSTM 的末端引入注意力层,通过对不同节点的注意力权重进行学习,使其网络捕获到代码中影响漏洞存在与否的关键特征,从而有效地解决类间差异小的问题。

5.1　面向注意力神经网络的代码建模

在面向注意力神经网络的代码建模过程中,需要完成 CPG 生成和特征张量编码两个任务。

5.1.1　代码属性图生成

在第 4 章中已经介绍过,CPG 是一种综合了 AST、CFG 和 PDG 的联合数据结构,其包含了代码的控制依赖、数据依赖以及语法结构等语义信息,是目前语义信息最为全面的抽象图结构之一,可以有效地表征多种类型的漏洞。

AST、CFG 和 PDG 是构成 CPG 必不可少的抽象图结构。构造 CPG 的流程如图 5-2 所示。

```
void foo()
{
    int x = source();
    if (x < MAX)
    {
        int y = 2 * x;
        sink(y);
    }
}
```

（a）程序源代码

图 5-2　示例代码及其抽象语法树、控制流图和程序依赖图

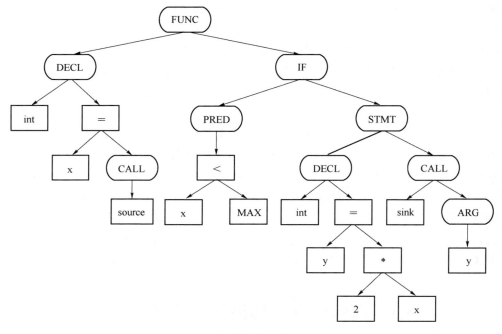

（b）抽象语法树

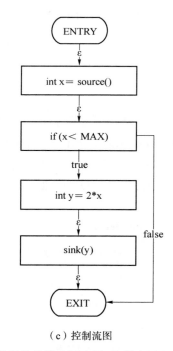

（c）控制流图

图 5-2　示例代码及其抽象语法树、控制流图和程序依赖图（续）

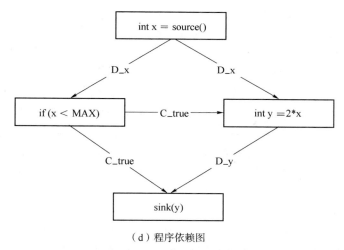

（d）程序依赖图

图 5-2　示例代码及其抽象语法树、控制流图和程序依赖图（续）

（1）抽象语法树及其变换

AST 对语句和表达式的嵌套关系进行表示，从而指明程序的语法结构，以及如何组合而成最终的程序。AST 是有序树，其中中间节点表示运算符（例如，加法或赋值），叶子节点对应于操作数（例如，常量或标识符）。图 5-2（b）为图 5-2（a）中所示代码的 AST。

为了后续对 CPG 进行定义，需将 AST 变换为属性图 $G_A = (V_A, E_A, \lambda_A, \mu_A)$，其中，节点集 V_A 中的节点对应于原始 AST 的节点。边集 E_A 中的边对应于原始 AST 的边。此外，函数 λ_A 将每条边标记为"IS_AST_PARENT"，代表该边是 AST 的边。函数 μ_A 为每个节点赋予 code 属性、type 属性和 order 属性。code 属性的属性值是字符串类型，对应于该节点所代表的代码。type 属性的属性值也是字符串类型，对应于该节点所描述的表达式类型，例如"CallExpression"代表函数调用表达式，"ConditionExpression"代表条件表达式。order 属性的属性值是整数类型，对应于该节点在其父节点的子节点中的序位，以反映树的有序结构，例如 1 代表该节点是其父节点的第一个子节点。

（2）控制流图及其变换

CFG 显式地描述了代码语句的执行顺序以及执行特定路径需要满足的条件。在 CFG 中，节点表示语句和谓词，节点之间的有向边表明控制流的传递。图 5-2（c）为图 5-2（a）中所示代码的 CFG。

为了后续对 CPG 进行定义，需将 CFG 变换为属性图 $G_C = (V_C, E_C, \lambda_C, \cdot)$，其中，节点集 V_C 是 V_A 的子集，其对应于 AST 中表示语句和谓词的节点。边集 E_C 中的边对应于原始 CFG 的边。此外，边标记函数 $\lambda_C : E_C \rightarrow \Sigma_C$ 从标记符号集 $\Sigma_C = \{\text{true}, \text{false}, \varepsilon\}$ 中为每条边分配标记，以指示 CFG 跳转的条件。

（3）程序依赖图及其变换

PDG 显式地表示语句和谓词之间的依赖关系。PDG 由两种类型的边构造而成，数据依赖性边反映一个变量对另一个变量的影响，控制依赖性边对应于谓词对变量值的影响。图 5-2(d) 为图 5-2(a) 中所示代码的 PDG。

为了后续对 CPG 进行定义，需将 PDG 变换为属性图 $G_P = (V_P, E_P, \lambda_P, \mu_P)$，其中，节点集 $V_P = V_C$，边集 E_P 中的边对应于原始 PDG 的边。此外，边标记函数 $\lambda_P : E_P \to \sum_P$ 从标记符号集 $\sum_P = \{C, D\}$ 中为每条边分配标记，以指示控制依赖或数据依赖。函数 μ_P 为每条数据依赖边赋予 symbol 属性，以指示所依赖的相应符号，并为每条控制依赖边赋予 condition 属性，以指示控制依赖的谓词状态，例如 true 或 false。

（4）代码属性图组合

CPG 包含了代码的控制流转移、控制依赖、数据依赖和语法结构等语义信息，是目前语义信息最为全面的抽象图结构之一，可以有效地对多种类型的漏洞进行表征。图 5-3 为图 5-2(a) 中所示代码的 CPG，从图中可以发现，其综合了图 5-2(b)(c)(d) 中三种抽象图结构的信息。

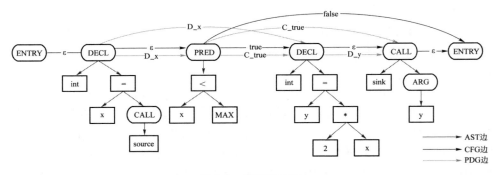

图 5-3　代码属性图

本章利用开源的静态分析工具 Joern 对 C/C++ 源代码进行分析，并生成 CPG，将其存储在 Neo4J 图数据库中，以便后续通过图中包含的信息进行查询，从而编码成为张量形式的数据。

5.1.2　特征张量编码

由于神经网络模型要求的输入是固定形状的张量形式数据，因此需要设计一种规则和算法将作为抽象图结构的 CPG 编码为张量形式的数据，从而输入神经网络中进行训练和预测。

考虑到过多的冗余信息会使编码矩阵失去稀疏性，从而导致神经网络的学习难度增大，因此在将 CPG 编码为张量之前，需要对其进行简化，以剔除冗余信息。

在 CPG 中,包含三种图结构的信息,即 AST、CFG 和 PDG,其中 PDG 中的数据依赖关系可以通过在编码时对前两者的组合间接实现,因此可以对 CPG 中的 PDG 信息进行剔除,得到简化的 CPG。

根据设计好的编码规则对函数的 CPG 进行编码,生成特征张量。CPG 编码实现对 CPG 的编码,以便输入到神经网络中进行处理。对简化的 CPG 进行编码,编码输出为一个三阶张量。该张量与图的邻接矩阵类似,行和列均代表节点,但不同点在于其衍生出第三维,即使用一个固定长度的向量描述节点之间的关系,而不是邻接矩阵中使用 0 或 1 描述是否临接。在输出的张量中,前两维对应简化的 CPG 中的节点,第三维为描述节点之间关系的 144 维向量,其为对节点关系的编码。

在特征张量中,为充分地对 CPG 中的语义信息进行保留,需要体现 CPG 中的四类特征,具体如下。

（1）AST 叶子节点所述变量的数据类型

对 AST 叶子节点所述变量的数据类型进行体现,进而发现数据长度、变量类型等错误导致的程序漏洞。

（2）AST 节点所述表达式之间的运算关系

对 AST 节点所述表达式之间的运算关系进行体现,进而发现与特定运算相关的程序漏洞,例如除零错误等,并体现数据之间的依赖关系。

（3）AST 节点之间的父子关系

对 AST 节点之间的父子关系进行体现,进而发现程序中包含的语法错误、函数调用的参数等与语法结构相关的程序漏洞。

（4）CFG 节点之间的邻接关系

对 CFG 节点之间的邻接关系进行体现,进而发现由于缺少条件检查等控制流相关的程序漏洞。

根据以上四点需要体现的 CPG 特征,进而对编码规则进行制定。如表 5-1 所示,在简化后的 CPG 中,可以将节点分为三类,分别为 AST 叶子节点、AST 中间节点和 CFG 节点。

表 5-1　节点类型、描述内容及待编码信息

节点类型	所描述的代码内容	需编码的信息
抽象语法树叶子节点	变量、常量、标识符等	变量类型 $TYPE_{var}$,例如 int、float、const、unsigned、static、else 等
		变量之间的操作符,例如 $+$、$-$、$*$、$/$、$=$、$\parallel$、$\&\&$ 等
抽象语法树中间节点	变量、常量、标识符或表达式等嵌套组成的中间结构	抽象语法树节点所述表达式类型 $TYPE_{ast}$,例如 CallExpression、ConditionExpression 等

续　表

节点类型	所描述的代码内容	需编码的信息
控制流图节点	语句或谓词	控制流图节点所述语句或谓词类型 $TYPE_{cfg}$，例如 ReturnStatement 等

编码完成之后，得到如图 5-4 所示的特征张量。

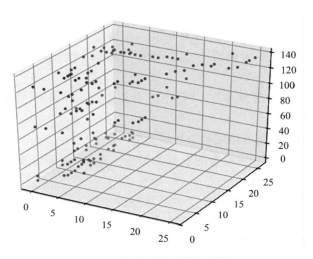

图 5-4　代码属性图的特征张量

5.1.3　图数据库设计

本章直接调用静态分析工具 Joern 对源代码生成 CPG，并将 CPG 存储在 Neo4J 图数据库中。CPG 是节点和边具有属性的，边具有标记的多重图，其中图数据库中节点的属性如表 5-2 所示。

表 5-2　图数据库中节点的属性

属性	含义	取值类型	举例
Type	节点的语义类型	枚举类型	CallExpression ConditionExpression ReturnStatement
Code	节点所述代码	字符串类型	"int a = b + c"
Order	节点作为子节点所在序位	整数类型	1
isCFGNode	节点是否为控制流图节点	布尔类型	True, False
Operator	节点所述代码中的运算符	枚举类型	+，−，*，/

续　表

属性	含义	取值类型	举例
Name	节点名称	字符串类型	"main"
Location	节点所述代码在源文件中的位置	字符串类型	2:4:45:48
Identifier	节点所述标识符	字符串类型	"temp1"
Filepath	节点所述文件路径	字符串类型	"/test.c"
Functionid	节点所述函数的编号	整数类型	60

可以发现,与 CPG 的定义相比,图数据库中节点的属性更为丰富,其除定义中已经明确说明的 type、code 和 order 属性外,另添加了一些额外属性,用于记录代码中的相关信息。

图数据库中边的属性如表 5-3 所示,包括 Symbol 属性和 Condition 属性,前者为对 PDG 中的数据依赖和控制依赖边赋予的属性,其记录具体依赖的变量,后者为对 CFG 边赋予的属性,其记录控制流转移的条件。

表 5-3　图数据库中边的属性

属性	含义	取值类型	举例
Symbol	数据或控制依赖所具体依赖的变量	字符串类型	"temp1"
Condition	控制流转移的条件	布尔类型	True, False

图数据库中边的标记如表 5-4 所示,包括 IS_FILE_OF、FLOWS_TO 等一共 8 种边标记。其中,IS_PARENT_DIR_OF 和 IS_FILE_OF 较为特殊,用于记录文件结构,从而可以直接以目录的路径作为输入生成 CPG 并互相关联地存储在同一个图数据库中。

表 5-4　图数据库中边的标记

标记	含义
IS_PARENT_DIR_OF	代表文件目录和文件关系
IS_FILE_OF	代表文件和函数关系
IS_FUNCTION_OF_AST	代表函数和抽象语法树节点关系
IS_AST_PARENT	代表抽象语法树节点之间父子关系
FLOWS_TO	代表控制流图节点之间控制流转移关系
CONTROLS	代表控制依赖关系
REACHES	代表数据依赖关系
USE	代表标识符使用关系

5.1.4　特征张量编码算法实现

为根据特征张量的编码规则将 CPG 编码为特征张量,本章实现了特征张量的编码算法,其通过 Cypher 图查询语句在 Neo4J 图数据库中对 CPG 的节点进行遍历,从而查询节点特征,最终将特征编码到张量中。该算法如图 5-5 所示,为了便于对特征张量进行描述,假设代码属性张量为 T,将 T 中坐标为 (i,j,k) 的元素记为 $t_{i,j,k}$,且对 $\forall\, t_{i,j,k}\in T$,均满足 $t_{i,j,k}\in\{0,1\}$。

算法 1　特征张量编码算法

输入:代码属性图 G,其中 $G=(V,E,\lambda,\mu)$

输出:特征张量 $T(G)$,其中 $T(G)=(t_{i,j,k})$,对 $\forall\, t_{i,j,k}\in T(G)$,均满足 $t_{i,j,k}\in\{0,1\}$

1:初始化($T(G)$)

2:初始化($\mathrm{Table_{node}}$)

3:初始化($\mathrm{Table_{symbol}}$)

4:$T(G),\mathrm{Table_{node}}\leftarrow\mathrm{ENCODEDTOP}(G,T(G),\mathrm{Table_{node}},\mathrm{Table_{symbol}})$

5:$T(G),\mathrm{Table_{node}}\leftarrow\mathrm{ENCODEPARENT}(G,T(G),\mathrm{Table_{node}},\mathrm{Table_{symbol}})$

6:$T(G),\mathrm{Table_{node}}\leftarrow\mathrm{ENCODEADJ}(G,T(G),\mathrm{Table_{node}},\mathrm{Table_{symbol}})$

7:返回 $T(G)$

图 5-5　特征张量编码算法

在对特征张量进行编码时,需要借助节点表 $\mathrm{Table_{node}}$ 和符号表 $\mathrm{Table_{symbol}}$ 对临时数据进行存储,其中 $\mathrm{Table_{node}}$ 用于记录节点所代表的代码及节点在代码属性张量的第一维和第二维中的索引,$\mathrm{Table_{symbol}}$ 用于记录关键字、运算符和代码语句类型在代码属性张量第三维中的索引。

在如图 5-5 所示的特征张量编码算法中,首先分别对特征张量、节点表和符号表进行初始化。在对特征张量初始化时,使用 Python 中的 NumPy 科学计算库声明一个形状为 $(1,1,144)$ 的三维数组作为特征张量,并将其元素全部初始化为零。在对节点表进行初始化时,声明一个一维列表(数组)作为节点表,并将其元素清空。在对符号表进行初始化时,声明一个一维列表(数组)作为符号表,并将 C/C++ 语言中的关键字和运算符以及 CPG 中节点 type 属性的属性值的全集写入该符号表。在完成初始化后,分别调用 ENCODEDTOP 函数、ENCODEPARENT 函数和 EN-CODEADJ 函数将 AST 节点的数据类型和运算关系、AST 节点之间的父子关系和 CFG 节点之间的邻接关系编码到特征张量中。在编码时,约束特征张量第一维和第二维的长度时刻与节点表的长度相同。

（1）ENCODEDTOP 函数

对 AST 节点的数据类型和运算关系进行编码的 ENCODEDTOP 函数算法如图 5-6 所示。在该算法中，获取 CPG 中的所有 CFG 节点，然后以每个 CFG 节点作为根节点对 AST 节点进行遍历。首先，对所有 CFG 节点的所述代码按照在源文件中的位置降序排序并入栈，此时栈顶为源文件中最靠前的 CFG 节点。其次，取栈顶节点，判断节点类型，如果该节点是 AST 叶子节点并引入了新的变量，则将该节点的 code 属性值写入节点表中，对该变量的数据类型进行编码，假设该节点的 code 属性值在节点表中的索引为 i，该变量数据类型的关键字在符号表中的索引为 k，则 $T_{i,*,k}=1$，其中 * 代表任意值。如果该节点是 AST 中间节点，那么将其子节点入栈，并将该中间节点的 code 属性值写入节点表中，并判断该节点的 code 属性值中是否包含运算符，如果有，则对其操作数的运算关系进行编码，假设 x op y 中 x 和 y 是操作数，op 是运算符，x 在节点表中的索引为 i，y 在节点表中的索引为 j，op 在符号表中的索引为 k，则令 $T_{i,j,k}=1$。如果该节点是 CFG 节点，那么直接将该 CFG 节点的子节点入栈。最后，根据上述步骤对栈中所有节点进行处理，直到栈空为止。

算法 2　抽象语法树节点数据类型与运算关系编码算法

输入：代码属性图 G，特征张量 $T(G)$，节点表 $\text{Table}_{\text{node}}$，符号表 $\text{Table}_{\text{symbol}}$

输出：特征张量 $T'(G)$，节点表 $\text{Table}'_{\text{node}}$

1：**function** ENCODEDTOP(G, $T(G)$, $\text{Table}_{\text{node}}$, $\text{Table}_{\text{symbol}}$)

2：　　$T'(G) \leftarrow T(G)$

3：　　$\text{Table}'_{\text{node}} \leftarrow \text{Table}_{\text{node}}$

4：　　$\text{NODES}_{\text{cfg}} \leftarrow \text{get\_cfg\_nodes}(G)$

5：　　$\text{NODES}_{\text{cfg}} \leftarrow \text{sort\_by\_position\_descending}(\text{NODES}_{\text{cfg}})$

6：　　**for** $i=0; i<\text{NODES}_{\text{cfg}}.\text{length}; i++$ **do**

7：　　　　$\text{stack.push}(\text{NODES}_{\text{cfg}}[i])$

8：　　**end for**

9：　　**while not** $\text{stack.empty}()$ **do**

10：　　　　$v \leftarrow \text{stack.pop}()$

11：　　　　**if** $\text{type}(v)==\text{AST\_LEAF}$ **and not** $\text{Table}'_{\text{node}}.\text{exist}(v.\text{code})$ **then**

12：　　　　　　$\text{Table}'_{\text{node}}.\text{append}(v.\text{code})$

13：　　　　　　$\text{DataTypes} \leftarrow \text{get\_data\_types}(v.\text{code})$

14：　　　　　　**for** $t=0; t<\text{DataTypes}.\text{length}; t++$ **do**

15：　　　　　　　　$i \leftarrow \text{Table}'_{\text{node}}.\text{index}(v.\text{code})$

16：　　　　　　　　$k \leftarrow \text{Table}_{\text{symbol}}.\text{index}(\text{DataTypes}[t])$

17：　　　　　　　　$t'_{i,*,k} \leftarrow 1$

图 5-6　抽象语法树节点数据类型与运算关系编码算法

```
18:            end for
19:        end if
20:        if type(v)==AST_MIDDLE then
21:            Table'_node.append(v.code)
22:            ChildNodes←get_child_nodes(v)
23:            stack.push(ChildNodes)
24:            if is_with_operator(v.code) then
25:                Operator←get_operator(v.code)
26:                v_i,v_j←get_operands(v.code)
27:                i←Table'_node.index(v_i.code)
28:                j←Table'_node.index(v_j.code)
29:                k←Table_symbol.index(Operator)
30:                t'_{i,j,k}←1
31:            end if
32:        end if
33:        if type(v)==CFG then
34:            ChildNodes←get_child_nodes(v)
35:            stack.push(ChildNodes)
36:        end if
37:    end while
38:    return T'(G),Table'_node
39: end function
```

图 5-6　抽象语法树节点数据类型与运算关系编码算法(续)

此外,需要注意的是,算法中用于获取 CFG 节点的 get_cfg_node 函数、用于对 CFG 节点排序的 sort_by_position_descending 函数等都是通过利用 Cypher 图查询语句直接实现的。

（2）ENCODEPARENT 函数

对 AST 节点之间的父子关系进行编码的 ENCODEPARENT 函数算法如图 5-7 所示。该算法首先获取 CPG 中的所有 AST 节点,然后每次从 AST 节点集合中任选两个节点 v_i 和 v_j,判断其是否具有父子关系,如果 v_i 是 v_j 的子节点,则对其父子关系进行编码,假设 v_i 和 v_j 的 code 属性值在节点表中的索引分别为 i 和 j,v_j 的 type 属性值在符号表中的索引为 k,则令 $T_{i,j,k}=1$。由于调用完 ENCODEDTOP 函数后,所有 AST 节点均已在节点表中存在,因此在该算法中无须再向节点表中添加节点。

算法 3　抽象语法树节点父子关系编码算法

输入：代码属性图 G，特征张量 $T(G)$，节点表 $\text{Table}_{\text{node}}$，符号表 $\text{Table}_{\text{symbol}}$

输出：特征张量 $T'(G)$，节点表 $\text{Table}'_{\text{node}}$

1：**function** ENCODEPARENT($G, T(G), \text{Table}_{\text{node}}, \text{Table}_{\text{symbol}}$)

2：　　　$T'(G) \leftarrow T(G)$

3：　　　$\text{Table}'_{\text{node}} \leftarrow \text{Table}_{\text{node}}$

4：　　　$\text{NODES}_{\text{ast}} \leftarrow \text{get\_ast\_nodes}(G)$

5：　　　**for** $v_i \in \text{NODES}_{\text{ast}}$ **do**

6：　　　　　**for** $v_j \in \text{NODES}_{\text{ast}}$ **do**

7：　　　　　　　**if** $is\_parent\_node(v_i, v_j)$ **then**

8：　　　　　　　　　$i \leftarrow \text{Table}'_{\text{node}}.\text{index}(v_i.\text{code})$

9：　　　　　　　　　$j \leftarrow \text{Table}'_{\text{node}}.\text{index}(v_j.\text{code})$

10：　　　　　　　　$k \leftarrow \text{Table}_{\text{symbol}}.\text{index}(v_i.\text{type})$

11：　　　　　　　　$t'_{i,j,k} \leftarrow 1$

12：　　　　　　　**end if**

13：　　　　　**end for**

14：　　　**end for**

15：　　　**return** $T'(G), \text{Table}'_{\text{node}}$

16：**end function**

图 5-7　抽象语法树节点父子关系编码算法

（3）ENCODEADJ 函数

对 CFG 节点之间的邻接关系进行编码的 ENCODEADJ 函数算法如图 5-8 所示。该算法首先获取 CPG 中的所有 CFG 节点，然后每次从 CFG 节点集合中任选两个节点 v_i 和 v_j，判断其是否邻接，如果邻接并且邻接边的方向是从 v_i 指向 v_j，v_i 和 v_j 的 code 属性值在节点表中的索引分别为 i 和 j，v_j 的 type 属性值在符号表中的索引为 k，则令 $T_{i,j,k} = 1$。

算法 4　控制流图节点邻接关系编码算法

输入：代码属性图 G，特征张量 $T(G)$，节点表 $\text{Table}_{\text{node}}$，符号表 $\text{Table}_{\text{symbol}}$

输出：特征张量 $T'(G)$，节点表 $\text{Table}'_{\text{node}}$

1：**function** ENCODEADJ($G, T(G), \text{Table}_{\text{node}}, \text{Table}_{\text{symbol}}$)

2：　　　$T'(G) \leftarrow T(G)$

3：　　　$\text{Table}'_{\text{node}} \leftarrow \text{Table}_{\text{node}}$

图 5-8　控制流图节点邻接关系编码算法

```
4：        NODES_cfg ← get_cfg_nodes(G)
5：        NODES_cfg ← sort_by_position_ascending(NODES_cfg)
6：        for i = 0; i < NODES_cfg.length; i + + do
7：            Table'_node.append(NODES_cfg[i])
8：        end for
9：        for v_i ∈ NODES_cfg do
10：           for v_j ∈ NODES_cfg do
11：               if is_adjacent(v_i, v_j) and is_directional(v_i, v_j) then
12：                   i ← Table'_node.index(v_i.code)
13：                   j ← Table'_node.index(v_j.code)
14：                   k ← Table_symbol.index(v_i.type)
15：                   t'_{i,j,k} ← 1
16：               end if
17：           end for
18：       end for
19：       return T'(G), Table'_node
20： end function
```

图 5-8 控制流图节点邻接关系编码算法(续)

通过使用上述编码算法对 CPG 进行编码,从而得到其特征张量,并使用 NumPy 库中的 dump 函数将其以文件的形式进行存储,以便后续读取到神经网络进行训练。

5.2 注意力神经网络的构建方法

为了解决传统漏洞检测方法大量依赖专家知识的问题,本章通过搭建神经网络模型,将特征输入神经网络中进行训练,使其能够自动地从数据中学习漏洞代码的特征模式,并使用训练完毕的神经网络模型对目标程序的源代码进行漏洞预测,判断其是否具有漏洞,即在预测阶段的输出为 0 代表目标程序不存在漏洞,为 1 代表目标程序存在漏洞。

5.2.1 模型构建

如图 5-9 所示,本章的神经网络模型由四层组成,分别为输入层、双向长短期记忆网络（Bi-LSTM）层、注意力层和分类层，并在每层后添加激活函数实现非线性映射。

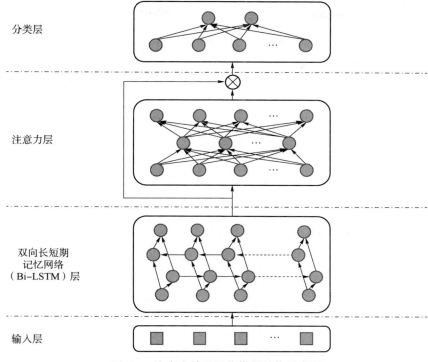

图 5-9　注意力神经网络模型结构示意图

（1）输入层

输入层将函数的特征张量输入到神经网络中，并对特征张量进行变形，使得其能够被后续的网络进行处理。具体而言，该层首先将特征张量中的 144 维度通过线性变换降维，然后将整个张量展平为矩阵，最后再将矩阵的最后一维进行降维，得到输入层的输出。

（2）双向长短期记忆网络层

双向长短期记忆网络层负责对输入层的输出进行进一步的特征学习。长短期记忆网络（Long Short-Term Memory，LSTM）层能够有效地处理序列数据，学习文本中的上下文依赖。同时，LSTM 层能够通过其细胞结构有效地避免长距离依赖问题。此外，在静态检测问题中，源代码中经常具有前向和后向的依赖，例如前序代码计算出参数，然后后序代码使用该参数进行调用，或者前序代码计算得到的结果被后续代码使用，所以需要采用 Bi-LSTM 层对这些依赖信息进行学习。

（3）注意力层

注意力层由掩模分支和短路分支组成。其中，掩模分支负责学习注意力权重，

71

其由维度从大到小的一维卷积和从小到大的一维反卷积组成；短路分支直接将输入输送到下一层，与注意力权重进行逐元素相乘。

（4）分类层

分类层由全连接层和 softmax 函数组成，实现信息的整合与二分类。分类结果为 0 或 1，分别代表不具有漏洞和具有漏洞。

（5）激活函数

本章中选择指数线性单元（Exponential Linear Unit，ELU）作为激活函数，其公式如下：

$$f(x)=\begin{cases}x, & x>0\\ \alpha(e^x-1), & x\leq0\end{cases}$$

当 $\alpha=1$ 时，指数线性单元函数曲线如图 5-10 所示。ELU 可以看作是线性整流函数（Rectified Linear Unit，ReLU）的一种优化，其曲线右侧与 ReLU 一样都是线性的，可以使 ELU 在一定程度上对梯度消失的现象进行缓解。不同于 ReLU 的是，其曲线左侧输出不为 0，具有比 ReLU 更快的收敛速度。

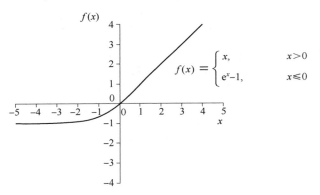

图 5-10　指数线性单元函数曲线

5.2.2　模型训练

在神经网络训练过程中，使用漏洞代码和非漏洞代码的特征张量训练神经网络。具体而言，将漏洞代码的特征张量标注为"1"，将非漏洞代码的特征张量标注为"0"，将特征张量输入到神经网络中，通过前馈运算获得神经网络的输出，并按照损失函数计算输出和真值的误差，根据误差和优化算法对神经网络的参数进行调整，从而实现对神经网络的训练。

（1）损失函数

由于判断目标程序是否具有漏洞是一个二分类问题，因此选择将交叉熵作为损失函数，其数学表示如下：

$$c = -\frac{1}{n}\sum_x \left[y\ln a + (1-y)\ln(1-a)\right]$$

式中,c 代表交叉熵的值,y 代表真实类别,a 代表预测值。可以发现,交叉熵的值越小代表预测结果越准确。

（2）优化器

随机梯度下降（Stachastic Gradient Descent,SGD）是一种常见的对神经网络优化的方法,其通过向梯度的反方向对网络参数进行调整使误差变小,直到训练完毕。小批量梯度下降是随机梯度下降的一种具体实现,每次取完整训练集中的一批数据更新梯度,使训练更加稳定并且具有较高的效率。但是,该方法对网络中所有参数采用同样的学习率,很容易导致收敛到局部最优。而 Adam 优化器利用梯度的一阶矩估计和二阶矩估计对网络中不同参数的学习率进行动态地调整,有效地避免了上述问题的发生。因此,本章选择 Adam 优化器对网络参数进行优化。

5.2.3　模型预测

完成对神经网络的训练之后,使用训练完毕的神经网络对目标程序是否存在漏洞进行预测。具体而言,首先生成目标程序的 CPG,然后将 CPG 编码为特征张量,再将该特征张量输入到训练完毕的神经网络中进行分类。如果神经网络输出为"1",则代表该特征张量对应的目标程序中存在漏洞,如果神经网络输出为"0",则代表该特征张量对应的目标程序中不存在漏洞。

5.2.4　模型实现

本章选择 TensorFlow 作为深度学习框架对神经网络模型进行搭建、训练和预测。TensorFlow 是目前较为流行的深度学习框架,支持 Python、C、Java 等多种语言的调用。本章使用 Python 调用 TensorFlow 的 API 进行神经网络的搭建。使用 TensorFlow 开发的程序一般可以分为图构建和图执行两个部分。在图构建过程中,TensorFlow 构建出定义了节点和其之间的运算关系的计算图,该计算图是静态的,在该过程中不对数值进行实际的运算。在图执行中,通过会话机制启动图模型,向计算图中注入数据,以按照图中预先构建的运算关系进行计算,从而实现数据的前向传播和误差的反向回传,进而对模型进行训练或者预测。

在神经网络模型的构建上,Bi-LSTM 由 tf.nn.bidirectional_dynamic_rnn 函数构建,前向和后向的循环神经网络（Recurrent Neural Network,RNN）细胞由 LSTMCell 函数构建。在 Bi-LSTM 输出端将前向 LSTM 的输出和后向 LSTM 的输出通过 tf.concat 在末轴进行拼接,从而不改变序列长度,使其仍与节点数量相同。注意力层、输入层以及分类层等全连接网络结构均由 tf.matmul 和 tf.nn.bias_add 实现,ELU 激活函数由 tf.nn.elu 构建。

在神经网络模型的训练上,调用 tf.nn.softmax_cross_entropy_with_logits 函数计算交叉熵。另外,TensorFlow 中直接提供了 tf.train.AdamOptimizer 函数作为 Adam 优化器的实现。在启动会话之后,分批读取特征张量并向预先声明的占位符中注入特征张量和标签,通过前馈运算得到网络的输出,计算其与真值的交叉熵,并根据 Adam 优化算法反向地对网络参数进行调整。在每次迭代时保存检查点,以防进程崩溃导致进度丢失。当达到最大迭代次数时停止训练,并将网络模型保存,以便后续使用。

在神经网络模型的预测上,通过 tf.train.get_checkpoint_state 读取检查点记录,并通过 tf.train.import_meta_graph 读取最新的模型。将目标程序的特征张量注入神经网络,并指明当前为预测阶段,禁止对网络参数进行调整。通过该前馈运算获得网络的输出,从而判定目标程序中是否存在漏洞。

5.3　基于注意力网络的终端代码安全静态检测实验验证

为了证明基于注意力网络的终端代码安全静态检测的有效性,本章进行了实验验证。本节将对实验环节进行阐述。首先会对实验准备工作进行说明,包括实验环境、评价指标和实验数据集,其次对本章中的漏洞检测对比实验进行说明。

5.3.1　实验准备

(1) 实验环境

本章中所涉及的实验均在浪潮英信 NF8465M4 服务器上进行,该设备配有 2 个 Intel Xeon E7-4809 v4 CPU,每个 CPU 为八核 16 线程,主频为 2.10 GHz。同时,该设备具有 32 GB 内存以及 2 TB 固态硬盘。

(2) 评价指标

由于本方法将漏洞检测看作一个二分类问题,因此本章使用分类问题中常见的评价指标对模型的有效性进行评估,包括 FPR、FNR、TPR、P 和 F_1 分数。它们的计算方式如第 4 章所述。

(3) 数据集

本章使用软件保障参考数据集(Software Assurance Reference Dataset,SARD)中的缓冲区溢出和资源管理错误类型的漏洞数据对模型的有效性进行评估。该数据集由具有漏洞的坏函数和不具有漏洞的好函数构成。本章将具有漏洞

```
run.bat 127.0.0.1:8000
```

在 Linux/Mac 环境下，需执行以下命令：

```
./run.sh 127.0.0.1:8000
```

MobSF 会开启 HTTP 服务器并监听本地 0.0.0.0 的 8000 端口。用户可以打开浏览器，在地址栏输入 http://localhost:8000 即可访问 MobSF 的网页界面，如图 6-1 所示。

图 6-1　MobSF 网页界面

6.1.4　配置动态分析

为了使用动态分析功能，还需配置连接到 Android 系统执行环境中。Android 系统执行环境可以分为模拟器和实体机，但 MobSF 仅支持模拟器。其支持的模拟器包括 Genymotion Android 模拟器[2] 和 Android Studio 模拟器[3]，官方推荐使用前者。下面将分别描述两种模拟器的配置方式。

（1）Genymotion Android 模拟器

在启动 MobSF 之前运行 Genymotion Android 模拟器，相关选项都会自动配置。Genymotion 支持 x86、x86_x64 体系架构，Android 版本支持 Android 4.1～10.0，对应的 Android API 版本支持 16～29。对于不同的 Android 版本，配置方法略有区别：

Android5.0 之前的版本（API 16～19）要求在首次进行动态分析之前先安装 Xposed 框架，并在安装后重新启动 Android 虚拟机。Xposed 框架是一个在 Android 操作系统上运行的钩子框架，可以通过替换 Android 系统的关键文件，拦截几乎所有 Java 函数的调用,并允许通过自定义代码更改调用这些函数时的行为。它常被用来修改 Android 系统和应用程序的功能。

Android 5.0 之后的版本(API 21～29)无须进行额外的设置。它们使用 Frida 作为动态模拟的核心插件,极大地提高了动态分析的功能和性能。Frida 是一个动态代码检测工具包,允许将 JavaScript 片段或自定义库注入 Windows、macOS、GNU/Linux、iOS、Android 和 QNX 上的本机应用程序。除此之外,它还提供了一些构建在 Frida API 之上的简单工具,这些工具可以直接使用,也可以根据需求进行调整,或者作为如何使用 API 开发的示例。

虽然可选的 Android 版本较多,但由于兼容性要求,我们建议使用 Android 7.0(API 24)及更高版本的虚拟机做测试环境。

在 Genymotion 配置完成后,单击动态分析器页面中的 MobSFy Android Runtime 按钮分析 Android 运行时的环境,如图 6-2 所示。

图 6-2　MobSF 启动动态分析

对于版本号为 4.1～4.3 的 Android 系统模拟器,需要设置"动态分析器"页面中显示的 Android 虚拟机代理。对于版本号为 4.4～10.0 的 Android 系统模拟器,运行时会自动设置全局代理。

如果动态分析器无法检测到 Android 系统模拟器设备,则需要在＜用户家目录＞/.MobSF/config.py 中手动配置 ANALYZER_IDENTIFIER(分析器标识符)值。其中,Android 系统设备 IP 地址(Internet Protocol Address,互联网协议地址)可以从 Genymotion 标题栏中找到,如图 6-3 所示,Android 系统设备 IP 为 192.168.56.126。另外,默认连接端口号为 5555,应当在＜用户家目录＞/.MobSF/config.py 中配置 ANALYZER_IDENTIFIER＝'192.168.56.126:5555'。

(2)Android Studio 模拟器

Android Studio 模拟器支持 Arm、Arm64 和 x86 体系架构,支持版本号为 5.0～9.0的 Android 系统模拟器,支持的最新的 API 版本为 API 28。

图 6-3　Android 系统模拟器 IP 示例

受限于谷歌的使用协议,带有 Google Play 商店的 Android 模拟器映像被视为正式映像,在 MobSF 中无法使用。读者可以创建一个不包含 Google Play 商店的 Android 虚拟设备(Android Virtual Device,AVD)。不要从 Android Studio 启动 AVD,而应使用 emulator 命令行以可写的方式启动 AVD。另外,还需将 Android SDK 仿真器目录添加到路径。

以下为在不同操作系统下添加 Android SDK 路径的一些示例:

```
Mac:/Users/<user>/Library/Android/sdk/emulator
Linux:/home/<user>/Android/Sdk/emulator
Windows: C:\Users\<user>\AppData\Local\Android\Sdk\emulator
```

配置路径成功后,使用下面的命令列出可用的 AVD:

```
$ emulator - list- avds
Pixel_2_API_29
Pixel_3_API_28
Pixel_XL_API_24
Pixel_XL_API_25Copy to clipboardErrorCopied
```

再次强调,本方法仅支持 API 28 以下的 Android 镜像。

除了配置模拟器之外,还需配置安卓调试桥(Android Debug Bridge,ADB)工具的二进制文件的路径。配置方法为在<用户家目录>/.MobSF/config.py 中设置 ADB_BINARY 的值指向对应的 ADB 二进制文件的路径。

应尽量使用 Android Studio 附带的 ADB 工具,如果使用的不是 Android Studio 附带的 ADB 工具,则可能会导致冲突,并在尝试动态分析时引入其他未知问题。

以下是在不同操作系统环境中配置 ADB 工具路径的示例:

```
# Mac
ADB_BINARY = ' /Users//Library/Android/sdk/platform- tools/adb'
# Linux
ADB_BINARY = ' /home//Android/Sdk/platform- tools/adb'
# Windows 方式一
ADB_BINARY = ' C:\\Users\\\\AppData\\Local\\Android\\Sdk\\platform- tools\\
adb.exe'
#Windows 方式二
ADB_BINARY = ' C:/Users//AppData/Local/Android/Sdk/platform- tools/adb.exe'
```

在启动 MobSF 之前,还需使用 emulator 工具启动一个 AVD,其具体的命令如下:

```
$ emulator - avd <non_production_avd_name> - writable- system - no- snapshot
```

其中,<non_production_avd_name>应替换为具体的 AVD 虚拟机的名称;-writeable-system 是指将其/system 分区挂载为可读写模式;-no-snapshot 指不使用快照功能。

在进行移动端应用动态分析任务时,推荐分析人员使用的 AVD 的 Android 系统版本为 7.0~10.0。这是因为对于 Android 7.0~10.0 版本,MobSF 会自动配置其参数,且运行时会自动设置全局代理,无须手动配置,同时还可以避免一些其他的未知问题。

上文中也提到,由于谷歌的政策限制,AVD 默认不包含与其相关的应用,如 Google Play 等。如果需要,测试人员可以自行安装这些应用。具体安装方法为从 https://opengapps.org/查找合适的应用软件包并下载保存为 open_gapps-<版本>.zip,随后再执行下面的命令,即可完成应用安装。

```
unzip open_gapps- <版本>.zip ' Core/* '
rm Core/setup*
lzip - d Core/* .lz
for f in $ (ls Core/* .tar); do
    tar - x -- strip- components 2 - f $ f
done
adb remount
adb push etc /system
adb push framework /system
adb push app /system
adb push priv- app /system
adb shell stop
adb shell start
```

全团队自主研发的庖丁固件安全分析系统。该系统是集固件自主分析、任务调度管理、集成报告导出、态势感知等多种功能于一体的新一代网络安全产品。

1. 问题分析

（1）针对移动终端固件存在 N Day 漏洞的情况

移动端设备底层开发通常会复用大量的第三方组件，但设计人员往往会直接使用相关的功能组件，而缺乏对代码的安全审计。除此之外，受限于稳定性的要求，移动终端的底层软件通常得不到及时的更新。因此，底层软件中已知的 N Day 漏洞得不到很好的关注，而这无疑会为固件安全带来很大的威胁。例如，常用的加密库 OpenSSL 中的心脏滴血漏洞就存在于很多移动端设备固件中。

（2）针对固件中存在恶意软件的情况

固件中的恶意软件通常会对恶意 IP 进行连接尝试。针对 IP 检测的方法主要有两种：一种是通过静态正则匹配的方法全局搜索 IP，而另一种是通过模拟启动进而在运行状态下对数据包进行抓取的方式来观察该固件与哪些 IP 进行通信。如果和固件通信的 IP 在恶意 IP 的列表中，那么该固件可能已经被恶意篡改。

（3）针对固件中存在敏感信息的情况

固件中可能包含私钥等敏感信息，攻击者可使用私钥获得某些服务器的某些权限。该系统使用静态规则匹配的方式对固件中是否包含不安全的私钥进行全局检测。

（4）针对固件启动检测的情况

通过模拟启动解压过的固件，可将固件安全问题转化为传统的网络安全问题，这样有助于发掘更多漏洞。系统中包含一套仿真模拟规则库，可以非常便捷地对约 100 种类型的固件进行模拟启动。

2. 功能描述

（1）固件一键解析

支持固件主流文件系统格式的解包，支持大批量固件解析，一键自动处理，吞吐量大，支持最多 4 万/天固件并发处理，实时服务便捷高效。

（2）自动化分析

具备全新的态势感知分析功能，且支持用户进行针对性固件分析、集成固件分析等，支持基于任务的调度管理，可以从至少 25 个维度对固件的安全风险进行深度检测。

（3）全方位自主查询

支持固件库自主查询，包括时间段、漏洞数量查询，可及时查看各项安全指标比例，并进行快速定位展示。

（4）集成报告处理

支持固件的详细信息导出，包含固件架构、漏洞、弱密码问题、私钥泄露、证书泄露等，批量固件可集成分析并导出报告，且支持全自动态势感知生成报告。

3. 系统架构

庖丁系统的架构如图 6-7 所示,系统自顶向下分为应用层、基础业务支撑框架、检测规则库、技术支撑层、基础环境层。其中,应用层提供面向用户的固件分析、态势感知、固件查询、报告分析、漏洞检测模块。基础业务支撑框架提供应用层检测所需要的基础技术,包括被动固件特征分析、主动探测特征分析、协议嗅探检测框架、加密检测技术和蜂窝网络嗅探检测技术。检测规则库则为基础框架提供了数据支撑,包括加解密规则库、漏洞查询库、已知漏洞库、仿真模拟库和密码分配库。技术支撑层提供了一些基础的分析处理技术和基础的容器化、数据库技术。最下层的基础环境层则为上述所有层提供了硬件的支持,保障了系统的高性能运行。

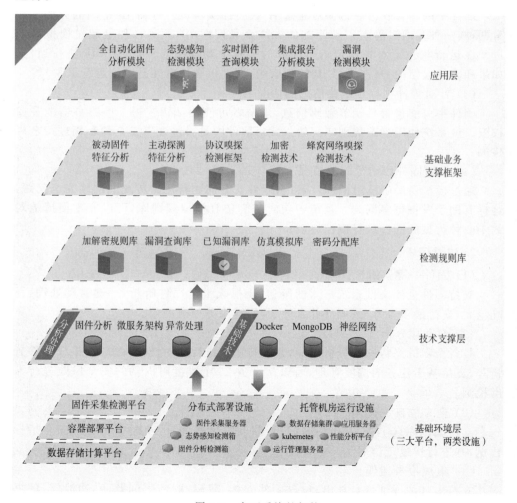

图 6-7　庖丁系统的架构

4. 核心优势

（1）自主产权

本系统系完全自主研发，从根本上杜绝了后门隐患。

（2）分布式部署

本系统采取分布式部署，微服务架构，系统可靠性高，支持最多 200 台以内的物理机扩容，可拓展性强。

（3）高并发

内部调度系统优化，可同时调度上百个分布式节点，支持最多 4 万/天固件并发处理，并发性能高。

（4）集成态势报告

支持包含架构/漏洞/弱密码/私钥/证书等详细信息的导出，自动生成批量固件的集成报告，具备态势感知功能，定期输出态势感知报告。

5. 功能使用

输入庖丁系统的网址即可进入登录界面，如图 6-8 所示。

图 6-8　庖丁系统登录界面

在输入用户名和密码进入系统后，可以看到如图 6-9 所示的系统状态页面，其中包含了所有固件的分析完成度、固件总数、大小、文件数、文件总大小等信息。

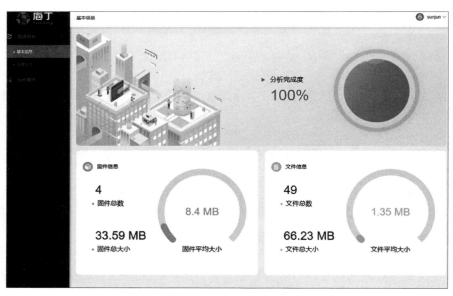

图 6-9　系统状态页面

单击左侧的分析管理菜单,选择固件管理,即可执行与固件管理相关的功能,包括上传、删除、分析等。如图 6-10 所示,上传功能支持单个固件上传和压缩包上传两种方式,前者可以上传单个移动终端设备的固件包,而后者可以上传 20 GB 以内的批量移动终端设备的固件包。

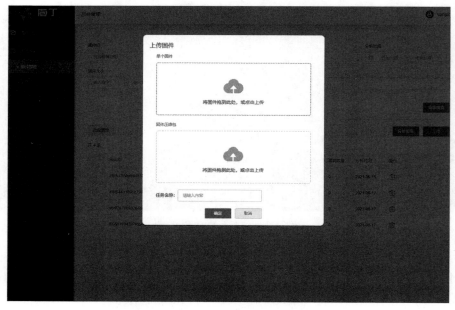

图 6-10　固件上传页

单击已上传的固件,可以看到固件分析的概要信息及插件列表,如图 6-11 所示。单击某个插件即可看到与该插件对应的分析详情。

图 6-11　固件分析概要

如图 6-12 所示为固件中 Binwalk 插件的分析详情,可对上传的软件执行解包操作。

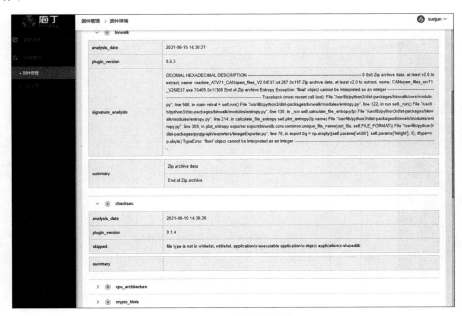

图 6-12　固件分析详情

任务管理是庖丁系统的特色功能,可以通过任务的方式管理批量固件的分析进程,查看批量固件的分析进度。如图 6-13 所示为固件分析任务的管理页面,可以看到固件分析任务的 ID、任务名称、固件大小、固件数量、上传时间、分析状态等,还可以删除任务或者下载任务的报告集合。图 6-14 为任务详情界面,除了概要信息外,还有任务的分析耗时等信息。

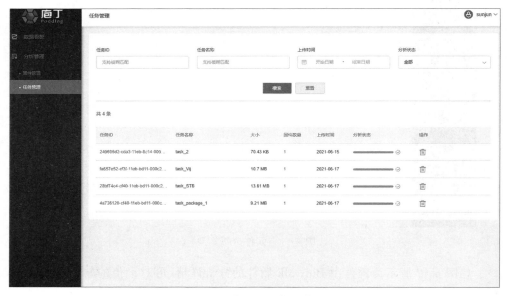

图 6-13　庖丁系统任务管理

图 6-14　庖丁系统任务详情页

另外,还可以对账号进行管理操作,如注册账号(图 6-15)、密码重置(图 6-16)等。

图 6-15　庖丁系统注册页面

图 6-16　重置庖丁系统密码

6.3　面向移动终端预装应用的安全分析

预装应用漏洞检测采用的是 MobCheck 移动端预装应用漏洞检测软件,该软件由中国科学院软件研究所研发,是基于移动端高安全检测领域中的移动终端预装软件检测需求开发的软件,支持对已知移动终端设备中的预装应用进行检测,通过连接移动终端获取终端中的应用名称及版本等信息,并输出其是否存在漏洞。

6.3.1 软件运行

软件运行在 Linux 环境下,使用 Python3 编写,使用者可输入以下命令查看软件帮助:

```
python3 mobcheck-help
```

具体的帮助信息如图 6-17 所示。

图 6-17 预装应用检测软件帮助信息

执行以下命令,可以得到如图 6-18 所示的版本信息:

```
python3 mobcheck version
```

图 6-18 预装应用检测软件版本

6.3.2 分析步骤

使用者需要按照图 6-19 所示的方式通过 USB 硬件直连待测移动终端和软件

运行的工作站,硬件连接后采取 ADB 的方式连接到移动端设备。连接完成后,可通过执行命令 adb devices 验证是否连接成功。

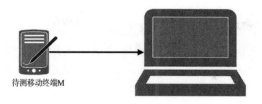

待测移动终端M

软件运行工作站W

图 6-19　连接待测移动终端和测试工作站

如果设备连接成功,可执行以下命令对移动端中的预装软件进行检测:

```
python3 mobcheck.py check
```

我们以小米品牌红米 k30 pro 手机为对象进行了实验,部分漏洞检测结果如图 6-20 所示。

图 6-20　预装应用检测示例

6.3.3 移动终端预装应用漏洞库

该软件在检测中使用了移动终端预装应用漏洞库。移动终端预装应用漏洞库是基于移动端高安全检测领域中的移动终端预装应用漏洞检测需求构建的,融合了通用漏洞披露网站(Common Vulnerabilities and Exposures,CVE)[18]、美国国家漏洞库(National Vulnerabilities Database,NVD)[19]、中国国家漏洞库(China National Vulnerabilities Database,CNNVD)[20]等网站的漏洞数据。CVE 是目前世界上使用最广泛的漏洞披露网站,其编号的管理发布方式可以说是漏洞安全领域的实施标准。NVD 是美国政府维护的漏洞数据库,也采用了 CVE 编号作为漏洞索引方式,并且还在 CVE 网站的数据基础上提供了通用漏洞评分系统(Common Vulnerability Scoring System,CVSS)对漏洞进行评分。移动终端预装应用漏洞库是在对上述网站的数据进行检索和人工筛查后产生的,对 2016—2020 年的移动终端预装应用的漏洞进行了记录和保留,覆盖了漏洞编号、漏洞类型、名称、机器型号、漏洞原因、受影响软件包名、软件版本号、软件版本名称、操作系统版本和设备指纹等信息,数据量为 152 条,存储在一个名为 vul_db.csv 的文件中,其各字段描述如表 6-2 所示。

表 6-2　预装软件漏洞库字段

字段名称	字段格式	字段含义
CVE	字符型	漏洞编号
Violation	字符型	漏洞类型
Manufacturer	字符型	制造厂商
Model	字符型	机器型号
Status	字符型	可被攻击状态
Package Name	字符型	受影响软件包名
App Version Code	字符型	软件版本号
App Version Name	字符型	软件版本名称
OS Version	字符型	操作系统版本
Device Build Fingerprint	字符型	设备指纹

图 6-21 是预装应用检测漏洞库的部分数据示例。

图 6-21　预装应用检测漏洞库部分数据示例

6.4　基于复杂执行环境的终端安全动态分析实验验证

为了进行终端安全动态分析的实验验证,我们实现了一个固件安全检测原型系统,包含固件抽取、继承型安全漏洞的快速检测以及源代码漏洞检测三个功能模块。固件抽取模块针对固件镜像使用启发式的方法对根文件系统和内核进行递归抽取,以实现磁盘空间和运行时间的最优化。继承型安全漏洞的快速检测模块针对的是能够获得源码的固件系统,其核心理念是具有继承关系的代码之间,安全漏洞也存在继承关系。其职能包括:对物联网漏洞信息数据和对应的修复补丁进行分析,抽象其典型特征,构建检测用例,抽取固件源代码特征,使用检测用例对特征数据库做匹配查询,实现固件系统同源漏洞的快速检测。源代码漏洞检测模块改进了传统源代码漏洞自动检测工具准确率低、大量依赖人力等缺点,引入了神经网络对固件逆向还原出的源代码进行漏洞检测。

系统结构图如图 6-22 所示。最底层是服务器硬件层,该层是基于浪潮 NF8465M4

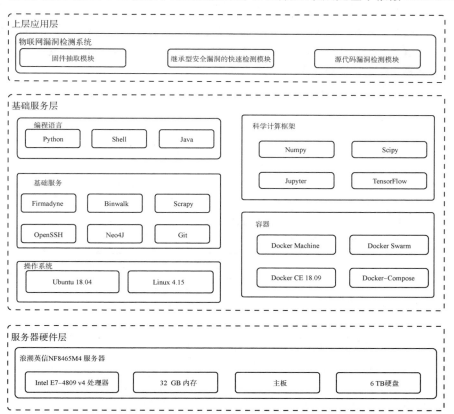

图 6-22　系统结构图

服务器搭建的。服务器搭载 Intel E7-4890 处理器，并配备 32 GB 内存和 6 TB 硬盘。基础服务层位于服务器硬件层之上，其中包括多个不同类别的基础服务。首先是操作系统，使用的是基于 Linux 4.15 内核创建的 Ubuntu 18.04。然后是基于操作系统的上层服务，包括 OpenSSH、Neo4j、Git、Firmadyne、Binwalk 和 Scrapy。另外还有 Docker 系列软件的容器组件服务，包括 Docker CE、Docker Compose、Docker Machine 和 Docker Swarm。本原型系统涉及的编程语言有 Python、Bash Shell、Java，所需的科学计算框架为 Jupyter 和 TensorFlow 等。

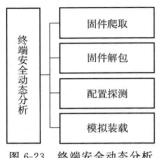

图 6-23　终端安全动态分析
检测系统功能结构图

本原型系统实现了固件爬取、固件解包、配置探测和模拟装载四个功能模块，如图 6-23 所示。

6.4.1　固件爬取模块

本模块的功能为从互联网中批量获取物联网厂商的固件。为了提高整个原型系统的代表性、典型性以及使用范围的普遍性，我们对来自 30 个厂商的固件镜像进行了爬取，涉及了照相机、路由器、集线器、存储服务器、智能电视、交换机、电缆调制解调器、卫星解调器和第三方开源固件等。

固件爬取模块的流程如图 6-24 所示。

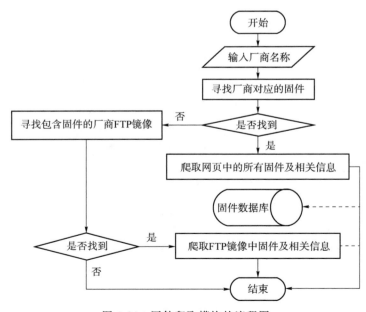

图 6-24　固件爬取模块的流程图

（1）编写通用爬虫框架：使用 Scrapy 建立爬虫基础框架文件，定义字段名称。

（2）查找给定厂商的固件下载网页，若存在，则编写爬虫模块对固件进行爬取；否则，搜索厂商的 FTP 站点，若存在，找到厂商对应的固件文件，编写爬虫模块对固件文件进行爬取。需要注意的是，在爬取过程中应将固件类型、名称进行良好标注，并保存到固件数据库中。

6.4.2　固件解包模块

本模块类似于 Binwalk 固件提取工具，对每个固件映像文件系统进行解析，恢复其根文件系统，提取内核，还原完整目录树结构。为避免对非固件文件进行分析，耗费不必要的时间和算力，模块采用学习和标注的方法，可标注检测非固件文件，实现提取目标时的磁盘空间和运行时间最优化。

固件解包模块的流程图如图 6-25 所示。首先是将设备固件文件输入到固件解包模块之中：扫描文件中的固件结构，将二进制文件中的二进制字节与常见文件系统的文件头列表进行匹配，得到镜像的文件系统。随后提取文件系统，利用文件系统的文件头得到文件系统的大小，推测文件系统的文件目录表所在位置，恢复文件树结构。最后执行文件还原操作，利用文件树结构中文件大小及文件块的关系，提取原始文件。

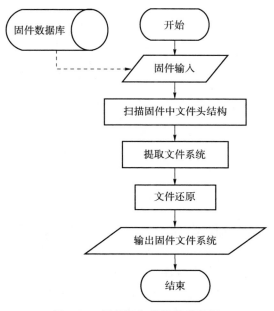

图 6-25　固件解包模块的流程图

6.4.3 配置探测模块

本模块通过检测固件的厂商、描述、文件系统等信息来探测固件的配置信息。

配置探测模块的流程图如图 6-26 所示。首先,将设备固件的文件系统和厂商描述信息输入到本模块中。然后,利用这些信息查询指令集架构的数据库,得到固件可能的指令集信息。之后,通过查看固件系统下面的/etc/sysconfig/network 及相关文件获取固件网络配置信息。最后,通过查看固件中的/etc/passwd,/etc/shadow 得到固件的登录信息。模块的输出即为固件系统的指令集、固件网络配置信息、固件登录信息。

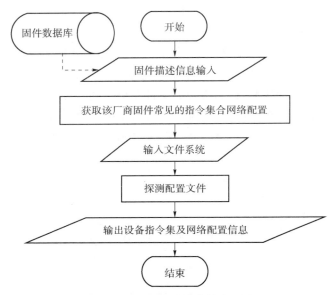

图 6-26 配置探测模块的流程图

6.4.4 模拟装载模块

本模块使用 QEMU 软件模拟硬件环境以运行及调试提取出的固件,便于进行后续的动态分析过程。

模拟装载模块的实现流程图如图 6-27 所示。本模块的输入为固件文件系统、固件网络信息和固件指令集信息。首先将固件文件系统存放在宿主机的硬盘上,利用上一步获取到的固件网络信息参数和固件指令集信息,使用 QEMU 组合命令行参数启动固件。固件成功启动即可生成一台虚拟的移动端设备。该虚拟设备可使用上一步获取到的登录信息通过安全外壳协议（Secure Shell, SSH）或远程终端协议（Telnet）连接进入固件操作系统，以实现进一步的动态分析。

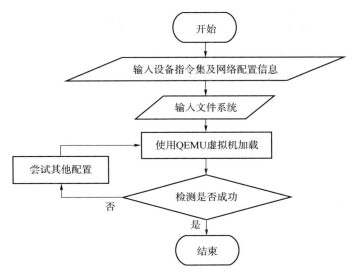

图 6-27　模拟装载模块的流程图

参 考 文 献

[1]　MobSF/Mobile-Security-Framework-MobSF［EB/OL］.［2021-7-25］. https://github.com/MobSF/Mobile-Security-Framework-MobSF.

[2]　Genymotion Android Emulator for app testing Cross-platform Android Emulator for manual and automated app testing［EB/OL］.［2021-7-26］.https://www.genymotion.com/.

[3]　探索 Android Studio|Android 开发者［EB/OL］.［2021-7-26］.https://developer.android.com/studio/intro? hl=zh-cn.

[4]　WebKit［EB/OL］.［2021-7-26］.https://webkit.org/.

[5]　OpenMAX AL-The Standard for Media Library Portability［EB/OL］.（2011-2-28）［2021-7-26］.https://www.khronos.org/al/.

[6]　The GNU C Library［EB/OL］.［2021-7-26］.https://www.gnu.org/software/libc/.

[7]　The Khronos Group. OpenGL ES-The Standard for Embedded Accelerated 3D Graphics［EB/OL］.（2011-7-19）［2021-7-25］. https://www.khronos.org/.

[8]　Dalvik（software）［EB/OL］.（2021-4-13）［2021-7-25］.https://en.wikipedia.org/w/index.php? title=Dalvik_(software)&oldid=1017529821.

［9］ LESSARD J，KESSLER G C. Android forensics：Simplifying cell phone examinations［J］. Small Scale Digital Device Forensics Journal，2010，4(1).

［10］ HOOG A. Android Forensics：Investigation，Analysis and Mobile Security for Google Android［M］. 1st edition ed. Waltham，MA：Syngress，2011.

［11］ Chip-Off Forensics［EB/OL］.(2012-3-22).［2021-7-26］.https：//www.binaryintel.com/services/jtag-chip-off-forensics/chip-off_forensics/.

［12］ JTAG［EB/OL］(2021-5-27).［2021-7-26］. https：//en.wikipedia.org/w/index.php? title＝JTAG&oldid＝1025425115.

［13］ AL MUTAWA N，BAGGILI I，MARRINGTON A. Forensic analysis of social networking applications on mobile devices［J］. Digital Investigation，2012，9：S24-S33.

［14］ YANG S J，CHOI J H，KIM K B，et al. New acquisition method based on firmware update protocols for Android smartphones［J］. Digital Investigation，2015，14：S68-S76.

［15］ VIDAS T，ZHANG C，CHRISTIN N. Toward a general collection methodology for Android devices［J］. Digital Investigation：The International Journal of Digital Forensics & Incident Response，2011，8：S14-S24.

［16］ SON N，LEE Y，KIM D，et al. A study of user data integrity during acquisition of Android devices［J］. Digital Investigation，2013，10：S3-S11.

［17］ SRIVASTAVA H，TAPASWI S. Logical acquisition and analysis of data from android mobile devices［J］. Information & Computer Security，2015，23(5)：450-475.

［18］ Common Vulnerabilities and Exposures［EB/OL］.［2021-7-26］.https：//cve.mitre.org/.

［19］ National Vulnerability Database［EB/OL］.［2021-7-26］.https：//nvd.nist.gov/.

［20］ 国家信息安全漏洞库(China National Vulnerability Database of Information Security)［EB/OL］.(20181206)［2021-7-26］. http：//www.cnnvd.org.cn/.

第7章 基于权限项集挖掘的移动智能终端系统权限滥用检测方法

7.1 移动智能终端的安全机制

随着移动互联网时代的到来,智能终端的普及率不断提高。越来越多的用户通过移动智能终端上的各类应用来满足自己工作、生活方面的需求。目前,Android、iOS两大阵营已成为移动智能终端操作系统市场的主流,而作为两个不同的阵营,它们在设计理念上的差异也就直接导致了它们具有的安全机制不同[1]。

7.1.1 Android 系统安全机制

Android系统是一种采用了开源模式的操作系统,其硬件与软件是松耦合的[1]。在启动硬件设备时,固件会先被启动,然后才能通过固件启动系统。一般情况下,在安装系统时,终端厂商会先检查其来源;如果不是由自己公司所签发的,则需要先对引导固件进行修改[2]。

Android系统是基于Linux系统发展起来的,因而继承了大部分Linux系统的安全特性。与Linux系统本身的管理机制相同,根(Root)权限也是Android系统的管理权限中的最高级别[3]。有了这样的权限,就可以修改内核甚至系统级别的应用。因此,一般用户通常无法获取。一旦用户获得了Root权限,就会为系统带来安全隐患和风险。

Android系统的安全模型主要提供以下六种机制:进程沙箱隔离机制、应用程序签名机制、权限声明机制、访问控制机制、进程通信机制、内存管理机制[4]。进程沙箱隔离机制是指应用程序在安装时都会被赋予一个独特的用户标识(User Identifier,UID),并且这一标识会永久保持;应用程序、其运行的 Dalvik 虚拟机都在独立的 Linux 系统进程空间中运行,具有不同 UID 的应用程序会被完全隔离;同时,不同的应用程序也可在同一开发者的定义下共享相同的 UID,进而在同一进程空间中运行,共享资源。应用程序签名机制规定了应用程序开发者在开发 Android 应用程序安装包(Android Application Package,APK)时必须进行数字签名[5]。在用户安装 APK 文件时,系统会拒绝未签名的应用程序的安装。在用户对已安装的应用程序进行升级时,系统安装程序会检查新安装的应用程序的数字签名与待更新的应用程序的签名是否一致。如果不一致,更新的应用程序会被当作一个新安装的程序。同时,数字签名可以防止恶意软件替换安装的应用。权限声明机制是指应用开发者在开发时需要对应用的权限、名称、权限组与保护级别进行显式地声明。权限分为普通级别(Normal)、危险级别(Dangerous)、签名级别(Signature)和系统/签名级别(Signatureor System)四种。在应用程序使用权限对应的 API 时,不同级别的权限对应的认证方式不同。Normal 级的权限申请后就可以使用;Dangerous 级权限需在应用程序安装时向用户发出询问,得到用户的确认后才能使用;Signature 与 Signature or System 级的权限则必须是系统用户才能使用。访问控制机制则是确保只有通过许可权检查的应用程序才能对系统文件与用户数据进行访问。进程通信机制指的是 Android 系统采用的基于共享内存的 Binder 高效进程通信机制。它可以提供轻量级的远程进程调用,同时可以保证通信数据不发生溢出、污染进程空间的情况。内存管理机制会先按重要性对进程进行分级和分组,如果内存不足,则自动对最低级别的进程所占用的内存空间进行清理;同时,引入的 Android 系统共享内存机制也可对不再使用的共享内存区域进行清理。

7.1.2　iOS 系统安全机制

iOS 系统是一种采用了闭源模式的操作系统,设计时采用的是软硬一体化的思路[1]。与 Android 系统不同的是,它的硬件中增加了加密模块,操作系统采用的是加密文件系统,同时,还为操作系统在固件中增加了加密引擎。设备启动时,从 ROM 读取在苹果公司产品上运行的启动程序 BootROM,BootROM 包含的苹果根证书可以对底层启动装载器(Low Level Bootloader,LLB)进行验证;当 LLB 完成任务后,它会验证并运行下一阶段的引导加载程序 iBoot,而 iBoot 又会验证并运行 iOS 内核[6]。整个启动链旨在保证底层软件不会被修改或被植入木马,且 iOS 系统能够有效地在苹果公司的设备上运行。任何一个环节出现问题,都会使设备进入恢复模式。当 BootROM 无法验证 LLB 时,设备就会进入固件升级模式。

一般情况下,终端用户并不能够获取到 iOS 系统的管理权限。因此,用户无法对系统内核或应用进行直接修改。如果想要获得系统的管理权限,则需要越狱,即通过系统漏洞来实现[7]。

iOS 系统同样具有多种保障数据及应用安全的机制,例如进程沙箱隔离机制、权限管理机制、内存管理机制、硬件和软件加密机制、代码签名机制等[2-7]。每一个应用都有自己可以独立运行的沙箱,数据可以不被其他应用进行访问、修改。必须使用系统提供的 API 才能访问共享资源。地址空间随机化(Address Space Layout Randomization,ASLR)技术和全局权限管理机制的应用确保了内存在运行时的安全,以及恶意程序无法对敏感数据或设备进行访问。硬件和软件加密机制是为了保护数据的存储与访问安全。iOS 设备内置有高级加密标准(Advanced Encryption Standard,AES)256 加密引擎,可以通过直接存储器访问(Direct Memory Access,DMA)通道将闪存存储与主系统内存进行连接,从而高效地实现数据的加密和解密。除此之外,层次化数据保护技术的应用也可以对闪存上的数据进行进一步的保护。这是基于 iOS 设备硬件加密技术,对密钥的层次结构进行构建和管理实现的。代码签名机制会在应用启动时发挥作用,对其数字签名进行检查,确保其来源完整、可信且未经篡改。未经此检查的应用程序将不被允许运行。

7.1.3　权限机制的安全隐患

虽然 Android 系统的权限分级声明机制比较灵活,能够防止一些恶意应用窃取用户隐私信息、控制设备、恶意收费等,但是它也存在一些问题。首先,应用软件在安装时,申请的 Dangerous 级的权限会以列表的形式全部呈现给用户,用户只能选择同意全部权限的申请,或者拒绝权限申请不安装应用。其次,用户可以通过 Android 系统模拟器的重要命令调试桥(Android Debug Bridge,ADB)的方式对应用进行安装。一般情况下,调试桥是应用程序开发者在 Eclipse 中通过 Dalvik 虚拟机调试监控服务(Dalvik Debug Monitor Service,DDMS)的方式调试 Android 程序的,这会导致安装过程绕开权限声明的询问而直接进行安装。但是用户对于应用申请的权限并不了解,这样的安装方式会对系统的安全性产生极大影响。而对于 iOS 系统来说,用户的越狱行为成了系统安全最大的威胁[2]。越狱后,用户就可以通过 Cydia 等途径免费安装和使用一些原本是收费应用的破解版;而对开发者来说,也就不用再拘泥于苹果应用商店(App Store)的审核要求,可以利用 Root 权限对系统资源进行访问、修改等,实现如后台录音、全球定位系统(Global Positioning System,GPS)后台跟踪、破解密码等行为。每一项都可能为设备带来极大的隐患。

除此之外,用户和开发者本身的问题也值得关注。中国互联网络信息中心调查数据显示,仅有 44.4% 的用户在下载安装 Android 系统应用的过程中会仔细查看授权说明。事实上,大部分人都存在着盲目授权的行为。针对 Android 系统平台的攻击主要针对用户的隐私信息,而由应用程序权限滥用构造合谋攻击导致的隐私泄露案例越来越多,Soundcomber[8]就是一个典型的攻击案例。合谋权限攻击的核心思想是,程序 A 有某个特定的执行权限 P,另一个程序 B 未申请 P 权限,但是 B 可以通过一系列操作借用 A 的动作执行 P 权限,从而达到隐私泄露、攻击的目的。设定上述中的程序 A 是一个权限申请滥用的正常软件,而作为恶意软件的 B 则无须在自己的代码中申请任何的权限,这大大减小了 B 被杀毒软件检测出来的可能性,同时又利用 A 的权限达到了恶意行为,如上传用户隐私、发送短信等。同时,由于缺乏安全开发监管以及权限申请的相关代码规范,权限的过度申请问题普遍存在于应用开发中。这违反了应用开发权限最小化原则,会严重影响到应用的代码质量,同时也加大了用户信息泄露的风险。

7.2 基于权限项集挖掘的权限滥用检测系统设计

7.2.1 权限机制的安全隐患

针对上一节中所述的问题,我们认为应该设计一种通用的方法,实现对 Android 系统和 iOS 系统未知应用的权限信息以及应用是否存在权限滥用问题的检测,并给出相关判断说明,系统流程图如图 7-1 所示。首先收集与应用相关的信息,然后利用一定的算法对应用进行分类,并基于同类应用的权限集合计算生成极大频繁项集,最后将未知应用进行分类,并比较其权限信息与同类应用的极大频繁项集,得到其权限滥用情况的判断结果。

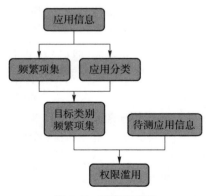

图 7-1 系统流程图

鉴于 Android 系统的开源模式,我们将其选为了主要研究对象,设计和实现了一套基于评论和简介数据的频繁项集挖掘的权限滥用检测系统(Pemission Abuse Checking System,PACS)。它将 Android 系统市场上应用的简介和评论信息作为新增的检测条件,使用支持向量机(Support Vector Machine,SVM)算法对应用进行分类,同时使用 Apriori 算法[9]挖掘应用类别内部的权限之间关联性的权限频繁模式,构造基于类别的权限关系特征库,最终对未知应用的权限滥用情况进行检测。PACS 架构图如图 7-2 所示。

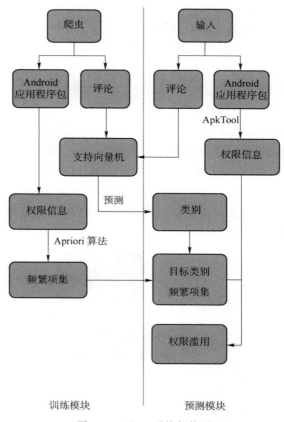

图 7-2　PACS 系统架构图

　　PACS 系统根据功能总共可以分为训练和测试两大模块。

　　训练模块:包含数据抓取模块、APK 逆向分析模块、频繁权限项集挖掘模块、应用分类训练模块。数据抓取模块是所有数据的来源,其中的网络爬虫程序是基于 Scrapy 架构编写的,用于抓取应用程序包 APK 文件以及该应用程序的简介和评论数据。APK 逆向分析模块旨在通过反编译 APK 文件获取应用程序在 AndroidManifest 文件中预先申请的权限集合,并依据应用程序的类别建库,将应用程序的权限信息集合存储到数据库中。频繁权限项集挖掘模块首先读取数据库中的权限信息集合,然后将同一类别下的所有应用的权限集合使用 Apriori 算法进行迭代计算,挖掘出极大频繁权限项集。应用分类训练模块是通过对应用的简介和评论数据进行处理,建立文本分类器,将数据输入分类器进行训练,调节参数,得到最优模型。

预测模块:包含应用分类预测模块和权限检测模块。应用分类预测模块是利用提前训练好的应用分类模型,输入未知应用程序的简介和评论数据对软件进行分类预测,输出类别标签。权限检测模块是结合分类模块输出的类别标签,读取未知应用所属类别下的极大频繁权限项集。同时,将应用的 APK 文件进行反编译,获取 AndroidManifest.xml 中的权限信息,与极大频繁项集比较,判断是否有权限滥用现象。

7.2.2 数据抓取模块设计

数据抓取模块首先获取到初始化的统一资源定位符(Uniform Resource Locator,URL)队列,即酷安(coolapk)官网[10]的各个类别下的 URL 链接集合,然后对该队列进行遍历,对每个 URL 链接对应的页面进行解析,从中抽取到符合条件的 URL,把新的 URL 放入到队列中,直到满足抓取的停止条件。对于具体应用的网页,下载应用的 APK 包,并抽取其中应用的评分、名称、评论、简介等内容。PACS 数据抓取模块处理流程如图 7-3 所示。

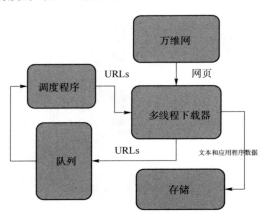

图 7-3　PACS 数据抓取模块流程图

7.2.3 APK 逆向分析模块设计

根据功能需求的不同,APK 逆向分析模块可以分成两部分:获取应用程序的权限信息集合以及将应用程序反编译得到 Java 源代码。

1. 获取应用程序的权限信息集合

如图 7-4 所示，APK 文件主要包含五个部分：META-INF 目录、res 目录、classes.dex 文件、resources.arsc 文件、AndroidManifest.xml 文件[11]。

```
1.   |-- AndroidManifest.xml
2.   |-- META-INF
3.   |    |-- CERT.RSA
4.   |    |-- CERT.SF
5.   |    `-- MANIFEST.MF
6.   |-- classes.dex
7.   |-- res
8.   |    |-- drawable
9.   |    |    `-- icon.png
10.  |    `-- layout
11.  |         `-- main.xml
12.  `-- resources.arsc
```

图 7-4　APK 文件构成

- META-INF 目录：用来存放签名信息，验证 APK 包是否完整，从而保证系统的安全。
- res 目录：用来存放系统资源文件。
- classes.dex 文件：Android 程序的 Java 源代码被编译后生成的字节码文件，和 Java 程序被编译后生成的扩展名是.class 的文件类似。但是因为 Android 系统中使用的是 Dalvik 虚拟机，和标准的 Java 虚拟机不兼容，所以 dex 文件的文件结构及操作码也和 class 文件不同。
- resources.arsc 文件：编译后的二进制资源文件。
- AndroidManifest.xml 文件：是 Android 程序的全局配置文件[12]，每一个应用程序都必须在系统代码的根目录上对它进行定义和配置。它描述了应用的名称、权限、版本、库文件等信息。开发者需要在其中声明代码中需要用的组件等资源，并且不能在 Android 程序完成后、编译后再对其进行修改。

由于 AndroidManifest.xml 是经过编译的，需要对其进行反编译才能进行分析。目前常用的反编译工具是 ApkTool，能将一个 APK 文件分解出 smali 代码和里面的 xml 文件。其文件结构如图 7-5 所示。

AndroidManifest.xml 文件内部通过标签的方式来定义组件。常用到的标签有 activity、provider、application、service、uses-permission 等。

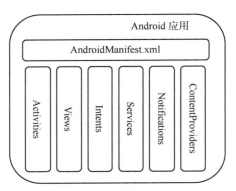

图 7-5　AndroidManifest.xml 文件结构

- ＜activity＞标签：用于用户交互机制，每一个视图或者界面都必须包含一个 activity 标签。
- ＜ provider ＞标签：用于管理数据库访问、组件间的数据共享。
- ＜ application ＞标签：用于管理应用程序的组件及其属性，如应用程序的标题、图标等。
- ＜ service ＞标签：用于标注在后台可以随时运行的组件，每一个服务（service）类都需要声明一个 service 标签。
- ＜uses-permission＞标签：用于声明应用程序运行过程中需要用到的权限信息。在应用程序安装过程中，系统从 uses-permission 标签内读取权限信息展现给用户。

使用开源工具包 xmlParser 对 xml 文件进行解析，抽取出＜uses-permission＞标签下的内容即为应用程序预先声明的权限申请信息。然后根据应用程序的类别，将权限信息集合存储到数据库中。存储的结果也是频繁权限项集挖掘模块的输入数据。

2. 获取 Java 源代码

直接分析应用程序的源代码是最能准确判定程序中是否存在权限滥用问题的方法。通过对比开发者在 AndroidManifest.xml 文件中声明的权限和程序源代码中实际需要用到的权限，对程序声明的权限是否属于权限滥用进行判定。需要对 APK 文件进行反编译，从而得到应用程序的源代码。class.dex 是 Java 源代码被编译后生成的字节码文件，其中包含了所有源代码。引入开源工具 dex2jar 对 class.dex 进行反编译，输出结果是一个 Java 归档（Java Archive.jar）文件，class-dex2jar.jar。然后使用开源工具 jd-gui 打开 class-dex2jar.jar 即可得到 Java 源代码[13]。实验的抽样验证部分会通过分析 Android 应用程序源代码的方式来最终判定该软件是否有权限滥用的问题。

7.3.3　APK 逆向分析

1. APK 权限信息集合

反编译后的 AndroidManifest.xml 文件部分内容如图 7-9 所示。

```
<uses-permission android:name="android.permission.INTERNET" />
<uses-permission android:name="android.permission.WAKE_LOCK" />
<uses-permission android:name="android.permission.READ_LOGS" />
<uses-permission android:name="android.permission.INTERNET" />
<uses-permission android:name="android.permission.GET_TASKS" />
<uses-permission android:name="android.permission.VIBRATE" />
```

图 7-9　AndroidManifest 文件部分内容

PACS 主要对＜uses-permission＞标签包含的参数进行分析，依据规则抽取出 APK 包在 AndroidManifest.xml 中声明的权限信息。表 7-4 列举了部分常用权限及对应的功能。

表 7-4　部分常用权限及对应的功能(权限名称均省略了前缀 **android.permission.**)

名称	功能
ACCESS_NETWORK_STATE	获取网络状态
ACCESS_WIFI_STATE	获取无线热点状态
INTERNET	访问网络连接
CAMERA	录制视频
BLUETOOTH	使用蓝牙
READ_CONTACTS	读取联系人
CALL_PHONE	拨打电话

2. APK 反编译到 Java 源码

使用 ApkTool 反编译 APK 包,在反编译后的文件夹中找到其中的 class.dex 文件,使用 dex2jar 对 class.dex 进行反编译,生成 class-dex2jar.jar。然后使用 jd-gui 打开 class-dex2jar.jar 即可得到 Java 源代码。

7.3.4　频繁权限项集计算

Apriori 算法是 Agrawal 等人提出的为布尔关联规则挖掘频繁项集的原创性算法。频繁权限项集挖掘模块基于 Apriori 算法挖掘同类应用申请的权限之间的关联,并为每一类应用构建权限关系特征库,从而进行未知应用的权限检测。

以下构造一个实例说明具体的算法过程。假设某一类别下有四个应用程序,每个应用程序都列出了所申请的权限数据，如表 7-5 所示。支持度 support＝P(AB)指事件 A 和事件 B 同时发生的概率。为了简化计算，本例中直接假设最小支持度 min_sup 为 50%。在每次迭代中算法都将产生一些候选集，计算每个候选集 I 出现的频率，如果项集 I 的相对支持度满足预定义的最小支持度阈值，则 I 是频繁项集。

表 7-5　某类应用部分权限数据库
（权限名称均省略了前缀 android.permission.）

应用程序标识符	权限项集
Apk.01	CALL_PHONE, READ_CONTACTS, INTERNET, WAKE_LOCK
Apk.02	VIBRATE, READ_CONTACTS, WAKE_LOCK
Apk.03	INTERNET, WAKE_LOCK, CALL_PHONE
Apk.04	INTERNET, WAKE_LOCK, READ_CONTACTS, CALL_PHONE

表 7-6 中描述了 Apriori 算法的所有迭代步骤。第一次迭代中，有 4 个支持度不小于 50% 的项集，这 4 个项集即为频繁 1-项集（1-itemset），即仅包含 1 个项集。在第二次迭代中，由频繁 1-itemset 两两组合，组成了 6 个支持度大于 min_sup 的频繁 2-itemset。第三次迭代有三个支持度不小于 min_sup 的 3-itemset，都选取为频繁项集。第四次迭代只有 1 组项集满足最小支持度阈值，这一组权限项集即是频繁 4-itemset，且不存在频繁项集 Y，使得{CALL_PHONE，READ_CONTACTS，INTERNET，WAKE_LOCK}包含于 Y，所以其为极大频繁权限项集。

表 7-6　Apriori 算法迭代步骤
（权限名称均省略了前缀 android.permission.）

迭代次数	权限项集	计数	支持度/%	是否频繁项集
1	CALL_PHONE	3	75	是
	READ_CONTACTS	3	75	是
	VIBRATE	1	25	否
	INTERNET	3	75	是
	WAKE_LOCK	4	100	是
2	CALL_PHONE, READ_CONTACTS	2	50	是
	CALL_PHONE, INTERNET	1	25	否
	CALL_PHONE, WAKE_LOCK	3	75	是
	READ_CONTACTS, INTERNET	2	50	是
	READ_CONTACTS, WAKE_LOCK	2	50	是
	INTERNET, WAKE_LOCK	3	75	是

迭代次数	权限项集	计数	支持度/%	是否频繁项集
3	CALL_PHONE，READ_CONTACTS，INTERNET	2	50	是
	CALL_PHONE，READ_CONTACTS，WAKE_LOCK	2	50	是
4	CALL_PHONE，READ_CONTACTS，INTERNET，WAKE_LOCK	2	50	是

　　使用 Apriori 算法迭代计算权限的频繁模式时，需要保证训练集的可靠性。由于训练集中的 APK 申请的权限规范与否一定程度上影响了频繁权限项集的准确度，所以需要依据 APK 的评分数据对训练集进行筛选。coolapk 网站上对软件的评分等级为 1～5，根据对训练集以及测试集大小的预期，我们选择了评分在 4 及 4 以上的 APK 作为训练集的数据。

7.3.5　应用分类

　　系统使用 SVM 算法及 SMO 算法进行应用分类，后者可以优化前者的计算过程。应用分类模块流程如图 7-10 所示。首先将应用程序的简介和评论语料进行分词处理，然后将特征词用向量表示形成空间向量矩阵，最后将矩阵输入 SVM 模型进行训练，得到一个可以预测的模型，从而预测测试集中的文本类别。

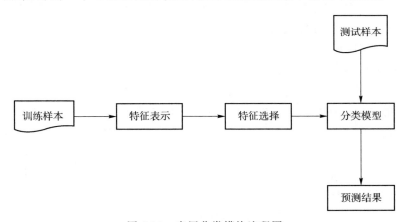

图 7-10　应用分类模块流程图

1. 中文分词

　　这一步是通过 jieba 分词[17]完成的，它是基于 Python 语言实现的开源中文分词工具。jieba 分词首先扫描全部词生成一个有向无环图。为了保证扫描效率，此过程采用了字典树（Trie 树）的数据结构。然后统计词频，使用动态规划算法查找最大概率路径,输出最大切分组合。同时,提取所有应用程序的名称、版本号等信息,经过去重处理后加入到 jieba 的自定义词典中,以确保分词工具会将应用程序的名称、版本号等当作一个自然名词,提高分词的准确度。

jieba 支持三种分词模式,分别是精确模式、全模式和搜索引擎模式。精确模式尝试将语句最精确地切开,适合文本分析,应用场景为文本相似度计算、文本分类等。全模式会直接扫描全句,输出所有能够连成词语的分词结果。例如,"中华人民共和国"使用全模式会输出"中华""人民""共和国""中华人民""华人""共和"等词语,这种模式不分析上下文语境和语义相关性,所以不能解决歧义问题。搜索引擎模式是在精确切分的基础上,对于分词结果中较长的词语再次进行切分,避免长词的出现,尽可能地提高词语的 TPR,适合于搜索引擎的文本切词。精确模式和全模式通过 jieba.cut( )方法实现,搜索引擎模式则对应的是 jieba.cut_for_search( )。jieba.cut( )需要两个参数,第一个是待分词的中文语句,第二个是 cut_all 参数,控制是否使用全模式进行分词。jieba.cut_for_search 方法只需要一个参数,即待分词的中文语句。输入的中文语句接受 UTF-8、汉字内码扩展规范(GBK)以及统一码(Unicode)三种模式的编码。这两种调用方法返回的结果都是一个可迭代的生成器(generator),在 Python 语言中可以直接使用 for 循环来获得分词后得到的每一个词语[17]。

2. 特征选择及 TF-IDF 加权

应用程序的简介和评论的分词结果中出现了如"不仅""一些"等停用词,以及一些如"中国""我们"等类别贡献度不高的词语。这些词语出现的频率较高,但是对于文本分类没有实际意义,将它们输入分类模型反而可能会影响分类的准确率。因此,需要采用特征抽取算法对中文分词结果进行处理。

TF-IDF 是一种常用的加权计算方式[18]。TF 是指特征词出现的频率,即特征词在一个应用的简介和评论信息中出现的次数与该应用全部简介和评论全部特征词的个数的比值。IDF 是逆文件频率,即某一类别下,简介和评论信息中包含某特征词的应用个数与其他类别下包含这个特征词的应用个数的比值。TF 表征了特征词在这个类别下的重要程度,而 IDF 则表征了特征词对于类别的贡献度和区分度。因此,在进行特征选择时,需要计算每一个词语的 TF-IDF 值作为词语的权重,然后按照 TF-IDF 的大小降序排序,选取前 N 个词语作为该应用程序的特征词。部分应用的特征词列表如图 7-11 所示。

3. 加权 LIBSVM 工具箱

LIBSVM 是一个开源的 SVM 算法的软件包。它实现了基于 SMO 的 SVM 算法,支持分类和回归[19],提供了包含 Java、MATLAB、R、Perl、Node.js、Ruby、Python 等多种语言的接口。PACS 基于 Python 版本的 LIBSVM 完成应用分类的模型训练和预测过程。

应用分类	精确率	召回率	F_1 分数
金融财经	0.750	0.600	0.667
运动健康	0.824	0.700	0.757
学习教育	0.850	0.850	0.850
旅行交通	0.842	0.800	0.820
生活购物	0.824	0.700	0.757

表 7-8　SVM 算法分类结果

精确率	召回率	F_1 分数
0.757	0.756	0.756

我们还将 SVM 算法与朴素贝叶斯(Naive Bayes,NB)、K-最近邻(K-Nearest Neighbor,KNN)、决策树 C4.5 三种分类算法的效果进行了比较。为保证实验结果的真实性,抽取训练集和测试集的方式均相同。

实验结果如表 7-9 所示。NB 和 KNN 两个算法的表现最差,C4.5 的 TPR 较高但是 P 较低。SVM 分类算法的 P 和 F_1 分数最高,TPR 也相对较高。因此,我们选择使用 SVM 算法对应用程序进行分类。

表 7-9　分类算法结果比较

算法	精确率	召回率	F_1 分数
NB	0.412	0.350	0.378
KNN	0.532	0.650	0.585
C4.5	0.695	0.800	0.744
SVM	0.757	0.756	0.756

7.4.2　权限滥用检测实验验证

1. 应用权限滥用比例分析

从每个类别中随机抽取出 1/10 的数据作为测试数据,对系统的实验效果进行验证。实验共随机抽取了 1 077 个实验样本输入 PACS 系统进行权限滥用检测。检测结果表明,共 812 个应用存在权限滥用现象,约占全部应用的 75.4%。

2011 年,AP Felt 等人[21] 使用 Stowaway 工具分析 940 个应用,检测出约有 34.4% 的应用有权限滥用的情况。2012 年,KWY Au 等人[22] 使用 PScout 对 1 260

个应用进行分析,发现其中有 543 个应用存在权限滥用情况,约占 43.1%。2014 年,白小龙等人[23]使用 PTailor 对采集到的 1 246 个应用进行剪裁,发现其中有 811 个应用存在权限滥用现象,约占 65.1%。A Bartel 等人[24]通过分析不同版本的应用程序,给出了权限滥用的应用的比例会随着时间不断增加的结论。因此,PACS 检测到的权限滥用的应用的比例与之前工具的检测结果相比呈现明显的上升趋势,是符合 A Bartel 等人的结论的。

2. 抽样实验验证

随机选取检测出了权限滥用的应用,将它们反编译到 Java 代码,查找 API 和权限的映射关系,分析代码和需求,人工确认申请的权限是否属于滥用行为。从 PACS 输出的权限滥用的应用集合中,随机挑选 5 个 APK,如表 7-10 所示。

表 7-10　部分 APK 检测结果

APK 名称	权限滥用个数
dopool.player.apk	5
cn.ersansan.kichikumoji.apk	4
cn.am321.android.am321.apk	6
cn.etouch.ecalendar.apk	20
com.aikan.apk	6

以 dopool.player.apk 为例,以下是人工检测过程及检测结论。

图 7-12　反编译出的 dopool 的源代码

(1) 反编译到 Java 源代码

首先,使用 ApkTool 反编译 dopool.player.apk。在反编译后的文件夹中找到 class.dex 文件。使用开源工具 dex2jar 对 class.dex 进行反编译,生成 class-dex2jar.jar。然后使用 jd-gui 打开 class-dex2jar.jar 得到 dopool.player.apk 的 java 源代码,如图 7-12 所示。

(2) 输入 PACS 系统进行权限滥用检测

运行 PACS 系统对 APK 进行检测。检测到滥用的权限为:SEND_SMS、RECEIVE_USER_PRESENT、READ_CALENDAR、CALL_PHONE、WRITE_CALENDAR(均省略了前缀 android.permission.)。

（3）PACS 运行结果分析

首先,找出滥用权限列表中的权限和其对应的 API 的映射关系。表 7-11 所示为 dopool 的部分滥用的权限和 API 的映射关系。

表 7-11　部分权限和 API 的映射关系
（权限名称均省略了前缀 **android.permission**）

权限名称	Android API
SEND_SMS	sendTextMessage
	sendMultipartTextMessage
	sendDataMessage
CALL_PHONE	enforceCallPermission
	endCall
	call
	dialRecipient

在 dopool 源代码中查找,没有发现表 7-11 中所示的任何一个 API 调用。由此可以判断,SEND_SMS 和 CALL_PHONE 确实属于滥用权限。

另外两个权限 WRITE_CALENDAR 和 READ_CALENDAR 所对应的 API 的确出现在了源码中,但是由于其他同类的视频软件中很少出现这两个权限,所以它们也被 PACS 判定为了权限滥用。根据 Android 官网的开发文档可以了解到,正常情况下,要想读取或写入日历数据,应用的清单文件必须包括用户权限中所述的适当权限,如图 7-13 所示。为简化常见操作的执行,日历提供程序提供了一组 Intent 对象,日历 Intent 对象中对这些 Intent 进行了说明。这些 Intent 对象会将用户转到日历应用,执行插入事件、查看事件和编辑事件操作。用户与日历应用交互,然后返回原来的应用。因此,应用不需要请求权限,也不需要提供用于查看事件或创建事件的用户界面。由此可以看出,由于开发的并不是完备的日历应用或同步适配器,是不需要申请 WRITE_CALENDAR 和 READ_CALENDAR 这两个权限的。因此,这两个权限也可以判定为滥用权限。

Calendar Provider API以灵活、强大为设计宗旨。提供良好的最终用户体验以及保护日历及其数据的完整性也同样重要。因此,请在使用该 API 时牢记以下要点:

- **插入、更新和查看日历事件。** 要想直接从日历提供程序插入事件、修改事件以及读取事件,您需要具备相应权限。不过,如果您开发的并不是完备的日历应用或同步适配器,则无需请求这些权限。您可以改用 Android 的日历应用支持的 Intent 对象将读取操作和写入操作转到该应用执行。当您使用 Intent 对象时,您的应用会将用户转到日历应用,在一个预填充表单中执行所需操作。完成操作后,用户将返回您的应用。通过将您的应用设计为通过日历执行常见操作,可以为用户提供一致、可靠的用户界面。这是推荐您采用的方法。如需了解详细信息,请参阅日历 Intent 对象。

图 7-13　Android 开发文档部分内容

参 考 文 献

[1] 何国锋，曾莹. Android 与 iOS 终端安全机制比较分析[J]. 互联网天地，2015，11.

[2] 严丽云，杨新章，陆钢，等. 移动互联网时代终端安全问题及解决方案分析[J]. 电信科学，2014，30(12)：145-152.

[3] 邢晓燕，金洪颖，田敏. Android 系统 Root 权限获取与检测[J]. 软件，2013，34(12)：208-210.

[4] 朱长江，杨一平. Android 操作系统的安全机制研究[J]. 电脑知识与技术，2013(9)：5628-5629.

[5] 吴文焕. Android 应用程序数字签名机制研究[J]. 软件，2014(2)：109-110.

[6] Relan K. Introduction to iOS[M]. CA：[S.l.]，2016.

[7] 吴寅鹤. iOS 平台应用程序的安全性研究[D]. 广州：广东工业大学，2014.

[8] Schlegel R，Zhang K，Zhou X，et al. Soundcomber：A Stealthy and Context-Aware Sound Trojan for Smartphones[C]//Proceedings of the Network and Distributed System Security Symposium. San Diego：The Internet Society 201，2011：17-33.

[9] Agrawal R，Mannila H，Srikant R，et al. Fast Discovery of Association Rules[J]. Advances in knowledge discovery and data mining，1996，12(1)：307-328.

[10] 酷安网[OL]. [2021-6-20]. http://www.coolapk.com/.

[11] 吴少刚，唐科，张斌，等. 一种基于 Android 应用软件的增量升级方法：CN，CN 102707977 A[P]. 2012.

[12] 冯玉慧，叶必清，汪智勇. 移动终端中应用运行条件的评估方法及装置、移动终端：CN，CN 102063299 A[P]. 2011.

[13] Shim W C，Jung M G. METHOD OF GENERATING EXECUTION FILE FOR MOBILE DEVICE，METHOD OF EXECUTING APPLICATION OF MOBILE DEVICE，DEVICE TO GENERATE APPLICATION EXECUTION FILE，AND MOBILE DEVICE：US，US 20140351947[P]. 2014.

[14] Beautiful Soup[OL]. [2021-6-20]. http://www.crummy.com/software/BeautifulSoup/.

[15] Tkinter[OL]. [2021-6-20]. http://www.tutorialspoint.com/python/python_gui_programming.htm.

[16] Jody I. Tkinter[M]. Cred Press，2012.

[17] Jieba[OL]. [2021-6-20].https：//code.csdn.net/fxsjy/jieba.

[18] 张保富，施化吉，马素琴. 基于 TFIDF 文本特征加权方法的改进研究[J].
计算机应用与软件，2011，28(2)：17-20.

[19] LIBSVM[OL]. [2021-6-20].http：//www.csie.ntu.edu.tw/～cjlin/libsvm/.

[20] F1 score[OL]. [2021-6-20].https：//en.wikipedia.org/wiki/F1_score.

[21] Felt A P，Chin E，Hanna S，et al. Android permissions demystified[C]//Proceed-
ings of the 18th ACM conference on Computer and communications security. Chi-
cago：ACM，2011：627-638.

[22] Au K W Y，Zhou Y F，Huang Z，et al. Pscout：analyzing the android per-
mission specification[C] //Proceedings of the 2012 ACM conference on
Computer and communications security. Raleigh：ACM，2012：217-228.

[23] 白小龙. Android 应用程序权限自动裁剪系统[J]. 计算机工程与科学，
2014，36(11)：2074-2086.

[24] Bartel A，Klein J，Le Traon Y，et al. Automatically securing permission-
based software by reducing the attack surface：An application to android
[C]//Proceedings of the 27th IEEE/ACM International Conference on
Automated Software Engineering. Essen：ACM，2012：274-277.

## 第8章

基于权限控制机制的移动智能终端系统隐蔽信道限制方法

8.1 移动智能终端的隐蔽信道问题

随着商业模式的成熟和用户习惯的养成,移动智能终端承载了越来越多的工作、学习、娱乐、社交等日常功能。然而,在带来便利的同时,移动智能终端,尤其是智能手机,也掌握了大量的用户隐私数据,包括用户通讯录信息、短信信息、网上银行信息、地理位置信息、用户日程、用户行为习惯等。恶意用户的攻击将会导致这些隐私信息的泄露,甚至直接的经济损失。

典型的攻击行为利用智能终端的安全漏洞和系统实现缺陷,设计漏洞利用程序,从而实施用户隐私窃取、垃圾广告推送、恶意扣费、拒绝服务等攻击行为。例如,Android 系统中由于 libsysutils 栈缓冲区溢出导致的权限提升漏洞(CVE-2011-3874);Android 系统中 Chrome 浏览器的 Download 函数导致的用户隐私信息泄露漏洞(CVE-2012-4906)等。北卡罗来纳州立大学的研究人员 Zhou 等人对 2012 年 2 月采集的 62 519 个 Android 应用程序进行分析,发现了 1 279 个信息泄露和 694 个内容污染风险程序[1];对 2011 年 10 月期间采集的 118 318 个 Android 应用程序进行分析,发现了 3 281 个风险程序,其中 322 个为 0-day 恶意程序[2]。意大利的研究人员 Mariantonietta 等人系统地总结了 2004—2011 年间的移动智能终端安全威胁并综合叙述了相应的安全解决方案[3,4]。

移动智能终端采用了全新的体系结构、丰富的传感设备和改进的安全机制。然而,这些新的特性却引发了比经典的攻击行为更复杂、更难检测及处理的新的安全问题,即移动智能终端的隐蔽信道问题[5,6]。隐蔽信道是由 Lampson 于 1973 年在程序限制问题的研究中提出的一种恶意进程通过合谋信息系统共享资源而实现的信息泄露的方式[7]。后续的相关研究扩展到了单机操作系统、数据库系统、网络系统和云计算平台[8]。Soundcomber 是 Android 智能系统中的一款隐蔽信道恶意程序,能够在通话过程中抽取用户隐私信息(如信用卡号、PIN 码等)泄露给远程服务器[6]。它只需申请录音权限和互联网权限即可在后台秘密地完成信息泄露,相比普通的恶意软件更加难以检测和处理。TouchLogger 是一款利用智能终端加速计实现信息泄露的隐蔽信道[9],可以根据移动设备的偏移推测手指触摸按键的位置,从而泄露用户输入的数字信息。

隐蔽信道分析工作包括信道识别、度量和处置。信道识别是对系统的静态分析,强调对设计和代码进行分析发现潜在的隐蔽信道,并通过构建信道场景判断该潜在信道是否能够被实际利用[10]。信道度量是对信道传输能力和威胁程度的评价,度量指标包括容量指标[11]、隐蔽信道因素、相对容量以及引入传输价值概念的短消息指标[12]等。信道处置措施包括信道消除、限制和审计[2,3]。隐蔽信道消除措施包括修改系统,排除产生隐蔽信道的源头,破坏信道的存在条件或者将危害限制到系统能够容忍的范围内。如果对所有而非实际能够被入侵者利用的潜在隐蔽信道进行度量和处置,则会产生不必要的性能消耗,降低系统效率。

由新型传感设备的引入导致的隐蔽信道信息泄露是隐蔽信道问题在继单机系统、网络、云计算之后在移动智能终端领域的新发展[8]。到目前为止,国内外对该领域的研究尚处于起步阶段,学术界还没有形成成熟的系统化的研究方案,尚缺乏针对移动智能终端隐蔽信道的限制方法。

为了方便后续的实验验证,我们依旧以 Android 系统这种复杂场景为研究对象,设计和实现基于权限控制机制的 Android 系统隐蔽信道限制方法。

8.2　隐蔽信道模型抽象

隐蔽信道源于程序限制问题,在操作系统、数据库、网络系统和云计算平台中受到了广泛的关注。根据隐蔽信道在不同环境中表现出的特征,研究人员从各自研究的领域和侧重的角度给出了不同的定义,其中 Lampson 和 Tsai 的定义最具有代表性。

Lampson 认为,如果一条信道既不是设计用于通信的,也不是有意用于传递信息的,就称为隐蔽信道。虽然隐蔽信道问题最早由 Lampson 提出,但是其定义相对模糊,没有说明隐蔽信道的产生机制和必要因素。Tsai 等人对该定义进一步深入扩展:给定一个强制安全策略模型 M 及其在一个操作系统中的解释 $I(M)$,$I(M)$ 中的两个主体 $I(\text{Sh})$ 和 $I(\text{Sl})$ 之间的通信是隐蔽的,当且仅当模型 M 中的对应主体 Sh 和 Sl 之间的任何通信都是非法的。相比之下,Tsai 的定义更加全面,指出了隐蔽信道与系统的强制访问控制策略之间的强关联关系，以及隐蔽信道需要具备包括两个通信主体的必要条件。

参照 Tsai 的定义，研究人员进一步分析了隐蔽信道的传输机制，给出了隐蔽信道在操作系统中的定义：隐蔽信道可以形式化表述为四元组 $<V, PA_h, PV_i, P>$，其中 V 表示操作系统中的共享资源；PA_h 是修改共享资源 V 的可信计算基（Trusted Computing Base，TCB）原语且具有较高的安全级；PV_i 是感知、观察共享资源 V 的 TCB 原语且具有较低的安全级；P 表示强制访问控制模型。如果从 PA_h 到 PV_i 的通信是系统安全策略 P 所不允许的，则 PA_h 到 PV_i 的通信信道称为隐蔽信道。

然而，隐蔽信道的形态和特征在 Android 系统中发生了新的变化。如图 8-1 所示，用户隐私访问 APP 只声明了用户隐私数据（通讯录、短消息、日程信息）的访问权限，而不包括对网络的访问权限。在 Android 系统的权限机制保障下，即使该 APP 获得了用户隐私数据，也无法向外部泄露。而网络资源访问 APP 只声明了网络的访问权限，无法直接读取用户隐私信息。隐私访问 APP 可以通过对共享资源（如两个 APP 可同时读写的安全数码卡（Secure Digital Memory Card，SD）文件、CPU 的响应时间、音量大小设置、共享系统日志、共享配置文件等）的影响完成隐私信息向网络 APP 的泄露。也就是说，在基于共享资源的智能终端隐蔽信道中，恶意用户可以利用两个合法的应用程序，合谋实现终端用户隐私信息的泄露。

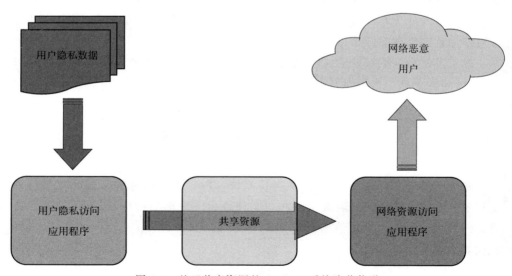

图 8-1　基于共享资源的 Android 系统隐蔽信道

与基于共享资源的智能终端隐蔽信道不同，基于传感器设备的隐蔽信道只需利用一个应用程序即可实现用户输入数据的泄露。如图 8-2 所示，该应用程序实时监控终端传感器的采集信息，根据用户的行为进行数据挖掘，从而推测用户输入，最终传输给网络中的恶意用户。Soundcomber、TouchLogger、ACCessory、

Tapprints 都属于基于传感器设备的隐蔽信道。由于 Android 系统允许无声明的访问传感器资源(触摸屏、加速计、陀螺仪等),因此这类隐蔽信道只需申请网络服务权限即可实现隐私泄露,更加难以限制和处理。

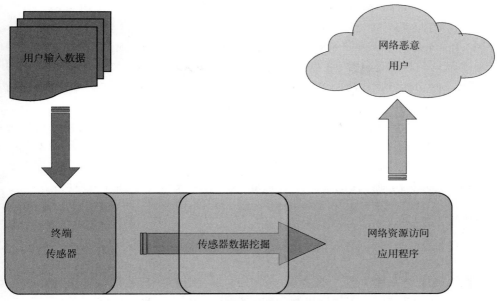

图 8-2　基于传感器设备的隐蔽信道

8.3　隐蔽信道限制方法

权限控制机制是 Android 系统框架中核心的安全机制,它为用户隐私数据保护、设备及软件使用控制、网络使用控制及系统监控、应用程序运行环境隔离等提供了保障。新型的 Android 系统隐蔽信道利用了安全机制对特定传感器设备访问控制不完备的漏洞缺陷,导致了传感器机密信息的泄露。

与现有的操作系统、网络和云平台隐蔽信道限制技术相比,智能终端隐蔽信道限制的难点在于分析新型安全机制对资源控制的完备性,以及如何进一步完善系统的权限控制机制,从而设计出合理的隐蔽信道限制方法。

8.3.1　权限控制机制原理

Android 系统的权限控制机制仅分配给应用程序有限的资源,应用程序只能通过受限的系统定义接口访问系统资源。Android 系统通过权限控制机制保护系统资源、限制应用程序能力、防止系统资源被滥用。

定义 1 （Android 权限机制）Android 权限控制机制可用如下四元组及描述公式进行表述：

$$<Perm, APPs, Sensors, \rightarrow>, \forall a \in APPs, \exists s \in Sensors,$$
$$If\ Perm(a, s) \neq \varnothing,\ then\ (a \rightarrow s) = True$$
$$Else(a \rightarrow s) = False$$

式中，Perm 是指 Android 系统保护被访问资源的权限。Android 系统定义了大约 130 个默认的权限，应用程序也可以自定义新权限来保护自己的服务。受保护的传感器 Sensors 涉及的功能包括摄像功能、定位功能、蓝牙功能、电话功能、短信功能、网络功能等。

开发者需要在程序配置文件中显式声明所有需要的权限以访问受保护的资源。如果 Android 应用程序 a 在配置文件中申请了相应的权限，则在程序安装时会提示用户该程序的权限申请列表，即 $Perm(a, s) \neq \varnothing$。例如，如果应用程序需要访问精确的定位，则需在配置文件 AndroidManifest.xml 中添加如下声明：

```
<uses- permission android : name = "android.permission. ACCESS_FINE_LOCATION"/>
```

否则，程序运行时会产生一个类型为 SecurityException 的异常，并提示缺少权限。基于权限声明列表，用户选择是否信任该程序并继续安装。安装后，应用程序可以对定位信息进行相应的访问，即 $(a \rightarrow s) = True$；否则无法访问，即 $(a \rightarrow s) = False$。

Android 系统的权限控制机制如图 8-3 所示，申请了照相机（CAMERA）权限的应用程序可以访问 Android 手机的摄像头资源和无限制的传感器资源，但是无法访问其他任何未声明的受保护资源；而未声明任何权限的应用程序只能访问无限制的传感器资源，而不能访问其他任何受保护资源。

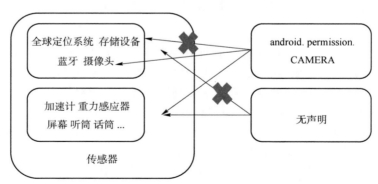

图 8-3 Android 系统的权限控制机制

8.3.2 传感器隐蔽信道原理

根据形成机理的不同，Android 系统隐蔽信道可分为基于共享资源的隐蔽信道和基于传感器设备的隐蔽信道两种。基于传感器设备的隐蔽信道只需利用一个应用程序即可实现用户数据的泄露。

定义 2　（Android 传感器隐蔽信道）基于传感器的 Android 隐蔽信道可用如下五元组及描述公式进行表述：

$$<\text{Perm},\text{APPs},\text{Sensors},\text{Confidential},\rightarrow>$$
$$\text{If } \exists a \in \text{APPs}, \exists s \in \text{Sensors}, \exists c \in \text{Confidential}$$
$$\text{And } \text{Perm}(a,s) = \varnothing \land (a \rightarrow s) = \text{True}$$
$$\text{Then } (a \rightarrow c) = \text{True}$$

其中，Android 系统中未进行权限保护的传感器 s 可以被任意应用程序直接访问。如果应用程序 a 能够访问 s，则 $\text{Perm}(a,s) = \varnothing \land (a \rightarrow s) = \text{True}$；应用程序 a 实时监控传感器 s 的采集信息，并根据用户的行为进行数据挖掘，从而能够推断出用户的机密信息，最终导致用户机密信息 c 泄露，即 $(a \rightarrow c) = \text{True}$。

例如，恶意应用程序通过监控重力加速计的实时数值，可以推断出用户在屏幕上输入的字母，最终窃取用户输入的密码信息。

8.3.3　传感器隐蔽信道限制原理

应用程序对底层传感器的访问需要经过 Android 应用（Application）层、框架（Framework）层、库（Library）层、Linux 内核（Kernel）层和硬件层，如图 8-4 所示。

Application 层即具体的应用程序，用来接收传感器返回的数据，并处理实现对应的用户界面效果，如屏幕旋转、打电话时灭屏、自动调接背光等。框架层的 Java 本地接口（JNI）负责访问传感器的客户端。Library 是动态库，封装了整个传感器的跨进程通信机制，包含客户端、服务端及硬件抽象层，封装了服务端对 Kernel 的直接访问；在 Linux Kernel 层，传感器驱动要注册到输入子系统（Input Subsystem）上，然后通过事件设备（Event Device）把传感器数据传到硬件抽象层；最后传感器硬件要挂在 I2C 总线上。

要想限制基于传感器的 Android 系统隐蔽信道，就需要为未受保护的传感器提供完整的权限机制。

定义 3　（Android 传感器隐蔽信道限制方案）基于传感器的 Android 隐蔽信道可用如下五元组及描述公式进行表述：

$$<\text{Perm},\text{APPs},\text{Sensors},\text{Confidential},\rightarrow>$$
$$\exists a \in \text{APPs}, \exists s \in \text{Sensors}, \exists c \in \text{Confidential}$$
$$\text{If } \text{Perm}(a,s) = \varnothing \land (a \rightarrow s) = \text{True} \land (a \rightarrow c) = \text{True}$$
$$\text{Then } \exists \text{Perm}, \forall a \in \text{APPs}, \text{Perm}(a,s) \neq \varnothing$$

其中,如果应用程序 a 能够无限制地访问传感器 s,即 $Perm(a,s)=\varnothing \wedge (a\rightarrow s)=$ True,并且可以通过对传感器数据的分析推断出用户输入的机密信息,即 $(a\rightarrow c)=$ True,则需要对传感器 s 进行权限限制,即 $\exists Perm,\forall a\in APPs,Perm(a,s)\neq\varnothing$,从而对基于传感器 s 的系统隐蔽信道进行限制。

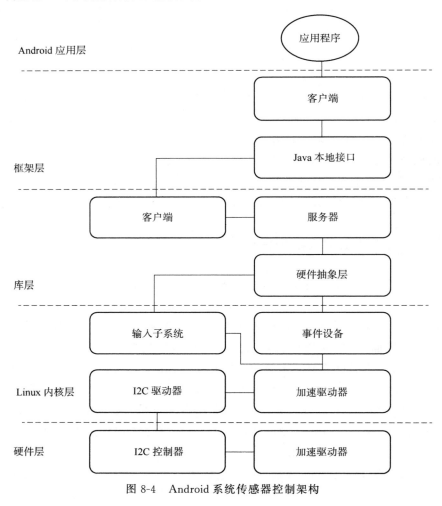

图 8-4　Android 系统传感器控制架构

8.4　传感器隐蔽信道限制实验

本节通过对 Framework 层源代码的修改,在 Android 系统中实现了针对重力加速计传感器的权限控制,并用实际的实验分析展示了基于权限控制机制的 Android 传感器隐蔽信道的限制效果。

8.4.1　Framework 层源代码修改

在 frameworks/base/core/res/AndroidManifest.xml 文件中添加准备定义的权限,最终该文件会生成 Android 权限文件 out/target/common/R/android/Manifest.java。

```
#文件位置 frameworks/base/core/res/AndroidManifest.xml
#定义权限 android.permission.SENSOR_ENABLE
<! -- Allows an application to sensor_enable demo -- >
<permission
android:name = "android.permission.SENSOR_ENABLE"
android:permissionGroup = "android.permission- group.HARDWARE_CONTROLS"
android:protectionLevel = "dangerous"
android:label = "@string/permlab_sensor_enable"
android:description = "@string/permdesc_sensor_enable"
/>
#定义权限 android.permission.SENSOR_INFO
<! -- Allows an application to sensor_info demo -- >
<permission
android:name = "android.permission.SENSOR_INFO"
android:permissionGroup = "android.permission- group.HARDWARE_CONTROLS"
android:protectionLevel = "normal"
android:label = "@string/permlab_sensor_info"
android:description = "@string/permdesc_enable"
/>
```

frameworks/base/core/res/res/values/strings.xml 是权限的文字描述部分,在每个 Android 应用程序的设置文件中会显示这个内容。

```
#位置 frameworks/base/core/res/res/values/strings.xml
<! -- Title of an application permission, listed so the user can choose whether they want to allow
the application to do this. -- >
<stringname = "permlab_sensor_enable">sensor enable</string>
<! -- Title of an application permission, listed so the user can choose whether they want to allow
the application to do this. -- >
<stringname = "permlab_sensor_info">sensor info</string>
```

frameworks/base/core/java/android/app/ContextImpl.java 中的 registerService 用来注册传感器服务,用户将字符串 SENSOR_SERVICE 和真正的服务绑

定。未修改的 SensorManager 只有一个参数,在此处添加一个参数 ctx,以便后续用于检查权限。

```
#文件位置
frameworks/base/core/java/android/app/ContextImpl.java
registerService(SENSOR_SERVICE, new ServiceFetcher() {
public Object createService(ContextImpl ctx) {
return new SensorManager(ctx, ctx.mMainThread.getHandler().getLooper());
}});
```

frameworks/base/core/java/android/hardware/SensorManager.java 是权限判断的关键部分。其逻辑为:如果有权限 android.permission.SENSOR_ENABLE,则判断权限 android.permission.SENSOR_INFO;如果有 SENSOR_INFO 权限,则权限控制机制将允许传感器操作;若没有 android.permission.SENSOR_ENABLE 权限,则权限控制机制允许对传感器操作,但是不允许访问其数据。这样做是为了和现有程序兼容,达到实验验证的目的和效果。

```
#文件位置
frameworks/base/core/java/android/hardware/SensorManager.java
public SensorManager(Context context, Looper mainLooper) {
        int flag = 0;
        mMainLooper = mainLooper;
    Log.e(TAG, "checking android.permission.SENSOR_ENABLE");
    if(context.checkCallingOrSelfPermission("android.permission.SENSOR_ENABLE")
== PackageManager.PERMISSION_GRANTED) {
        Log.e(TAG, "permission SENSOR_ENABLE");
        flag = 1;
    }
        Log.e(TAG, "checking android.permission.SENSOR_INFO");
    if ((flag == 1) &&
(context.checkCallingOrSelfPermission("android.permission.SENSOR_INFO")
! = PackageManager.PERMISSION_GRANTED)) {
        Log.e(TAG, "demo no android.permission.SENSOR_INFO");
        throw new SecurityException(" requires SENSOR_INFO permission");
    }
}
```

8.4.2 实验结果分析

首先实现 Android 系统基于传感器设备的隐蔽信道,并验证在未加入权限控制的 Android 系统中,该隐蔽信道能够实现机密信息的泄露。

## 第 9 章

基于有向信息流的移动智能终端隐私泄露恶意应用检测方法

9.1 移动智能终端的恶意应用问题

随着移动市场的逐渐成熟,智能手机生态系统也日趋完善。无论是 iOS 系统的 App Store,还是 Android 系统的 Google Play,都可以为用户提供超百万规模的付费及免费的应用程序服务。然而,大多数使用 Android 系统的国产手机都无法使用 Google Play 这个相对正规的应用下载途径。有统计数据表明,中国大陆地区只有 6% 的应用是通过 Google Play 安装的。这在很大程度上促进了国内第三方应用市场的繁荣发展。

不过,国内目前尚未出台针对移动应用市场的规定,因此,各种第三方 Android 应用市场都缺乏强有力的监管,用户往往在不知情的情况下就下载使用了市场内存在的恶意应用,并且传播速度非常快。除此之外,与 iOS 系统相比,开源的 Android 系统在更为开放和自由的同时,也带来了更多的风险。对于攻击者来说,后者更易被攻击,也更易从中获取利益。例如,有的第三方应用利用 Android 手机所集成的传感器的安全缺陷及漏洞获取用户的账户信息、身份信息、位置信息等,甚至在后台录制音频、拍摄图片及视频等,造成了严重的安全隐患。随着 Android 系统用户的不断增加,该平台自然也就发展成了恶意应用的重灾区[1]。基于以上两点,本章将以 Android 系统为研究对象。

恶意应用可以造成的危害包括隐私窃取、资费消耗、远程控制等[2]。隐私窃取主要是收集用户的隐私数据,包括短信、通话记录、定位信息、照片以及其他应用的账户信息等。资费消耗主要是强行为用户定制服务,赚取资费。而远程控制主要实现对智能移动终端的指令操控、信息回传、本地恶意代码更新等[2]。恶意应用的类型主要包括病毒、蠕虫、木马等[1,3]，任何恶意应用都可以对这几种类型进行组合，形成独特的恶意行为模式，诱导用户下载恶意代码，然后以短信、彩信、邮件、即时通信等形式通过蓝牙、无线热点（WiFi）或者网络进行传播。例如，木马 SMS.AndroidOS.FakePlayer.b 伪装成媒体播放器诱导用户安装。安装完成后，如果用户启动假的应用程序，木马便会发送付费和注册服务的短信以窃取用户费用。

Papathanasiou 发现了一种通过特定来电次数触发的 Rootkit。该程序基于 Linux 内核可加载模块，触发后打开一个壳（shell）并允许通过第三代移动通信技术（3rd-Generation Mobile Communication Technology, 3G）或者 WiFi 进行反向传输控制协议（Transmission Control Protocol, TCP）连接，使得应用具有 Android 手机的 Root 访问权限。除此之外，Bickford 也分析了三个典型的 Rootkit。第一个 Rootkit 允许攻击者远程监听用户的全球移动通信系统（Global System for Mobile Communications, GSM）保密通话；第二个 Rootkit 通过给攻击者发送短信获取用户当前的定位信息；最后一个 Rootkit 利用 GPS 和蓝牙提供的耗电服务消耗智能手机上的电池电量，耗尽后可导致拒绝服务。这些方式均可帮助攻击者读取设备上的隐私信息，给用户造成严重的安全威胁。

隐私窃取是恶意应用的最典型行为[4]。Android 软件开发工具包（Software Development Kit, SDK）提供了可供第三方调用的不同功能的编程接口以及具有技术参考性的支持文档，开发人员只需声明权限并根据文档要求调用接口即可实现相应的功能。换言之，开发人员可以任意调用这些编程接口。这大大增加了 Android 手机的安全风险。

以下面代码段为例。getUserInfo( )函数通过 Android 编程接口获取设备及用户信息并发送给远端攻击者。第 4 行代码（TelephonyManager）getSystemService("phone")获取用户设备；第 6 行通过访问设备 ID（即 localTelephonyManager.getDeviceId( )）获得国际移动设备识别码（International Mobile Equipment Identity, IMEI）；第 8 行获得手机号；第 10、12、14 行分别获取手机的区号、运营商编号以及邮箱账号。第 17 行将获得的隐私信息构造为参数字符串；第 18 行将字符串以 Post 请求方式向远端服务器发送。

```
1. //获取用户信息并被其他函数调用
2. public void getUserInfo(){
3. if(getPackageManager().hasSystemFeature("android.hardware.telephony")) {
4. localTelephonyManager = (TelephonyManager)getSystemService("phone");
5. //获取设备 IMEI
6. this.deviceId = localTelephonyManager.getDeviceId();
7. //获取手机号码
8. str2 = localTelephonyManager.getLine1Number();
```

进一步分析 getXMLInfoFromServer( )，发现其调用了 SettingManager.open-Connection( )这一网络连接函数。其内部调用函数如图 9-5 所示。

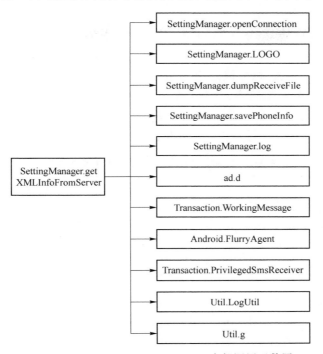

图 9-5　getXMLInfoFromServer( )内部调用函数图

对该信息流图再次进行跟踪，可以发现 getXMLInfoFromServer( )被以下两个函数调用：

1. com.mms.bg.ui.BgService.onStart()
2. com.mms.bg.ui.TestActivity.onCreate.(Anon_4).onClick()

其中，第一个调用表示该应用程序服务启动时会调用函数 getXMLInfoFrom-Server( )，第二个调用则是表示通过单击按钮，测试功能是否正常时会调用函数 getXMLInfoFromServer( )，而该函数又会调用用户隐私相关函数 savePhoneInfo( )并打开连接 openConnection( )以 Post 请求的方式将数据发送出去。

综上所述，这一实例的信息流可描述如下：

//隐私数据信息流图
1. com.mms.bg.ui.BgService.onStart( )→com.mms.ui.SettingManager.getXMLInfoFromServer( )→com.mms.ui.SettingManager.savePhoneInfo( )→localTelephonyManager.getDeviceId( )
2. com.mms.bg.ui.TestActivity.onCreate.(Anon_4).onClick( )→com.mms.ui.SettingManager.getXMLInfoFromServer( )→com.mms.ui.SettingManager.savePhoneInfo( )→localTelephony-Manager.getDeviceId( )

并且 getXMLInfoFromServer( )会调用 openConnection( )实现网络传输。因此,认为该应用为疑似隐私泄露应用程序,输出到结果数据库中。

9.4.3 基于有向信息流的隐私泄露应用检测结果验证

基于有向信息流的隐私泄露应用检测方法在对 Android 系统第三方市场的 7 985 个应用程序检测实验中,发现了 357 个恶意应用。

为了验证基于有向信息流的隐私泄露应用检测方法的有效性,对其输出的部分结果进行实际确认。例如,表 9-2 即为上述检测到的恶意应用的基本信息。

表 9-2　检测到的隐私泄漏恶意应用基本信息

名称	com. virsir. android. chinamobile10086
样本文件格式	APK
样本消息摘要算法(Message Digest Algorithm MD5)值	955f3696bd38dfe7a49afdd4f8f31f95
标记	Bgserv_genome

经确认,该应用确实为恶意应用。该应用程序获取用户 IMEI、应用安装时间、系统版本等隐私信息,通过 Post 方式发送给远端恶意服务器,泄漏用户隐私。

综上所述,本章提出了一种针对 Android 系统隐私泄漏类恶意应用的基于有向信息流的静态检测方法。首先对 App 进行反编译,分析 AndroidManifest.xml 文件中的权限声明,然后为有疑似权限的应用构建有向信息流模型,标识其中的隐私数据点,通过在信息流模型中对隐私点的跟踪分析,最终判断隐私数据是否被泄露。基于此方法对 Android 系统第三方市场的 7 985 个应用程序进行检测,发现其中存在 357 个恶意应用,再对这些结果进行验证性分析,可以证明此方法具有很好的检测性能。今后的研究将从有向信息流模型优化的方向入手,进一步提高隐私泄露类恶意应用的检测效率。

参 考 文 献

[1] 吴剑华,莫兰芳,李湘. Android 用户隐私保护系统[J]. 信息网络安全,2012, (9):50-53.

[2] 范铭,刘烃,刘均,等. 安卓恶意软件检测方法综述[J]. 中国科学:信息科学,2020,50(8):1148-1177.

[3] 刘潇逸,崔翔,郑东华,等. 一种基于 Android 系统的手机僵尸网络 [J]. 计算机工程,2011,37(19):1-5.

［4］　王浩宇，王仲禹，郭耀，等. 基于代码克隆检测技术的 Android 应用重打包检测［J］. 中国科学：信息科学，2014，44(1)：142-57.

［5］　卿斯汉. Android 安全研究进展[J]. 软件学报，2016 (1)：45-71.

［6］　Grace Michael，Zhou Yajin，Zhang Qiang，et al. RiskRanker：scalable and accurate zero-day android malware detection［M］. Low Wood Bay：Proceedings of the 10th international conference on Mobile systems，applications，and services（MobiSys'12），2012.

［7］　Suarez-Tangil Guillermo，Tapiador Juan E，Peris-Lopez Pedro，Blasco Jorge. Dendroid：A text mining approach to analyzing and classifying code structures in Android malware families［J］. Expert Systems with Applications，2014，41(4，Part 1)：1104.

［8］　Enck W，Gilbert P，Han S，et al. Taintdroid：an information-flow tracking system for realtime privacy monitoring on smartphones[J]. ACM Transactions on Computer Systems（TOCS），2014，32(2)：1-29.

［9］　Bugiel S，Davi L，Dmitrienko A，et al. Xmandroid：A new android evolution to mitigate privilege escalation attacks[J]. Technische Universität Darmstadt，Technical Report TR-2011-4，2011.

［10］　蒋绍林，王金双，张涛，等. Android 安全研究综述［J］. 计算机应用与软件，2012，29(10)：205.

［11］　Denning Dorothy E. A lattice model of secure information flow［J］. Commun ACM，1976，19(5)：236.

［12］　Tsai C R，Gligor V D，Chandersekaran C S. On the identification of covert storage channels in secure systems［J］. Software Engineering，IEEE Transactions on，1990，16(6)：569.

第 10 章 一种自动检测未捕获异常缺陷的方法

10.1 Android 系统中的未捕获异常缺陷问题

10.1.1 Android 系统服务

Android 系统的成功很大程度上可以归功于开放的生态系统以及功能丰富的 API 等因素[1-3]。整个 Android 系统平台大约可以由 60~100 个系统服务进行管理，包括 WifiManager、BluetoothManager、WindowManager、PackageManager、AudioManager、BackupManager、BatteryManager、ConnectivityManager 等。这些系统服务可以为应用程序提供工作时必要的信息和功能，并为系统提供基础能力的支持。

在 Androidt 系统应用程序中，通常使用服务执行需要大量时间的后台操作，这确保了能够对与用户直接交互的应用程序主线程，如用户界面（User Interface，UI）线程，进行更快的响应。应用程序中使用的服务的生命周期由 Android 系统框架管理，当活动（或其他一些组件）启动、绑定或停止服务时，可以分别调用 startService( )、bindService( )和 stopService( )。

由上述内容可知，系统服务是 Android 系统的核心，为各种任务和请求提供基本环境。一旦系统服务异常失败，对整个 Android 系统来说都是灾难。

10.1.2 异常机制

异常是在程序执行过程中发生的事件，异常处理是在计算过程中对异常或异常情况的发生做出响应并进行特殊处理的过程,常常改变程序执行的正常流程[4],通常由专门的编程语言或计算机硬件机制实现。

异常可以分为两大类,一类是捕获的异常——可以被 try 块捕获,另一类则是未捕获的异常。前者的处理代码需要预先定义,而后者表示程序在运行时遇到致命意外情况的实例,通常需要终止程序并向控制台打印一条显示调试和栈跟踪信息的错误消息。

未捕获的异常通常可以通过在异常到达运行时环境之前捕获它们的顶级处理程序来避免。在 Android 系统中,解决方法是创建一个 UncaughtExceptionHandler[5]。UncaughtExceptionHandler 是在 Android SDK 中的线程(Thread)类上定义的接口,其实例的创建依赖于一个想要处理线程的任何未捕获 Throwable 的对象。未捕获的 Throwable 没有经过如 try/catch 处理,并且可通过线程的终止而结束。

然而,我们在关键的系统服务中发现了一些可能会给 Android 系统造成严重问题的"不成熟"的 UncaughtExceptionHandler。例如,访问超出边界的数组通常会导致 java.lang.ArrayIndexOutOfBoundsException 这一异常的抛出以及主线程和应用程序的死亡。当这个主线程属于系统服务时,Android 系统就会崩溃并重新启动。

10.1.3　Android 安全问题

自 Android 系统问世以来,其安全性就得到了广泛的关注与研究[2,6,7]。整个 Android 软件栈,包括 Linux 内核、中间件、库和 API、应用程序框架以及各种应用程序,都存在漏洞[8-10]。然而,虽然其中的很多漏洞都已经被发现并公布,但还是有研究人员发现,87.7% 的 Android 手机易于受到至少一个严重漏洞的影响[10]。这意味着 Android 系统的安全形势依然严峻。除此之外,随着开发人员和制造商不断在 Android 系统中引入新的功能,Android 系统组件及内部框架之间的逻辑和信息流也逐渐变得复杂,可能会有一些信息流破坏一些基本组件或服务并引入漏洞[1,9,11]。例如,有研究报告了一个严重的 Android 安全漏洞——悬挂属性引用(Hares)问题,这是由 Android 系统定制过程中分散的、不受监管的冲突以及不同 Android 系统应用程序和组件之间复杂的相互依赖关系引起的[2]。另一项研究在 Android 系统服务器的并发控制机制中发现了一个容易受到 DoS 攻击的通用设计特征,还在关键服务(如 ActivityManager 和 WindowManager)中发现四个未知漏洞,后被命名为 Android 中风漏洞(Android Stroke Vulnerability,ASV)[2]。ASV 会持续阻塞所有其他系统服务请求,随后杀死系统服务器并软重启 Android 系统。

与之前的工作类似,我们发现了一种由"不成熟"的未捕获异常引发的未知类型的新漏洞,它比 Stagefright 更具共享性,影响范围更广。

10.1.4 未捕获异常漏洞

"不成熟"的异常，例如，任何准备好的捕获器都无法捕获的异常，最终会陷入 Android 系统中的 UncaughtHandler 类的 uncaughtException 函数中。不管进程的属性如何，UncaughtHandler 类会直接终止异常进程。但是，当系统级或关键服务被异常或不小心杀死时，Android 系统就会崩溃并进一步导致严重的安全问题。

图 10-1 是对 Android Audio Service 未捕获异常漏洞的直接利用的示例。为了调用系统服务，攻击者可以向 Android android.media.AudioService 发送一个 Intent，其目标函数是 PlaySoundEffect，且 effectType 的完整性参数大于某个整数。该 Android 服务使用函数 sendMsg 将参数 effectType 发送到内部类 Audio-Handler 中的回调函数 handleMessage。随后，调用函数 playSoundEffect 并确定条件语句 SOUND EFFECT FILES MAP [effectType]。由于数组长度为 9，任何大于 8 的值都会导致数组边界问题。然而，这个异常并没有在 Android 系统中被捕获，因此进程陷入到 UncaughtHandler 类中。最后，调用 Process.killProcess( )，这是一个高权限函数，它可以通过进程 ID（Process Identification，PID）直接杀死任何异常进程。本例中，android.media.AudioService 被杀掉，Android 系统崩溃。

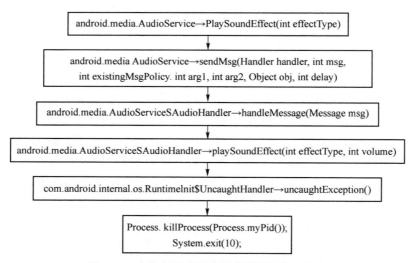

图 10-1 直接利用未捕获异常漏洞的控制流图

本质上，系统进程提供的 Android 系统服务具有更高的权限来调用相应的功能，例如操作底层驱动程序。它们通过进程间通信（Inter-Process Communication，IPC）机制以跨进程 Java 方法的形式为其他进程提供服务，这些方法通常被打包到 Android 系统的 API 中。一般认为系统服务是 Android 的基础。如果服务异常终止，Android 系统将崩溃并重启。在图 10-1 中，参数 effectType 被封装到一个 IPC

事务中,并通过 Android Handler 机制分配给另一个线程进行处理。IPC 机制是同步的,处理过程中的任何异常都会直接写入 IPC 反馈数据并返回给请求进程。然而,Handler 机制的引入将 IPC 变成了一个异步进程。在这种情况下,任何由其他进程抛出但未被捕获的异常最终都会到达 Android Java 运行环境(Java Runtime Environment,JRE),即 Dalvik 或安卓运行环境(Android Runtime,ART)。由图 10-2 中 killProcess 函数的实现可知,Dalvik/ART 异常处理代码抛出的未捕获异常会终止系统服务并使 Android 系统崩溃,相当于系统级 DoS 攻击。

```
private static class UncaughtHandler implements Thread.UncaughtExceptionHandler{

    public void uncaughtException(Thread t, Throwable e){

    Process.killProces(Process.myPid());

    System.exit(10);

    }

}
```

图 10-2　Android 运行系统未捕获异常代码片段

如前所述,未捕获异常漏洞可以被各种系统服务利用并导致 Android 系统崩溃。更糟糕的是,我们并不清楚这些漏洞的数量和严重程度。因此我们有必要针对 Android 系统开发检测和缓解未捕获异常漏洞的工具。

10.2　ExHunter

为了实现上述目标,我们需要解决以下问题:

(1)如何检测每个 Android 系统的漏洞?每一款手机的系统服务数量及详细信息都不同。更具体地说,由于制造商的定制,即使是相同的服务在不同的手机中也可能有不同的界面。因此,需要一个检测工具来动态获取服务接口,检测每部手机的漏洞。

(2)如何缓解易受攻击的 Android 系统的漏洞?当知晓了 Android 手机中有多少个未捕获异常漏洞时,就需要有一种新的缓解威胁的方法。此外,该方法应当能够轻松部署。

因此,我们构建了一个新工具 ExHunter,它可以自动检测 Android 手机上的未捕获异常漏洞,同时发现针对其潜在的利用企图。

10.2.1　ExHunter 的设计

ExHunter 可以作为应用程序安装在 Android 手机上。它由五个组件构成,如

图 10-3 所示：①轻量级但高效的动态列表模块，用于列出 Android 手机的系统服务；②内部 Java 反射模块，用于获取各个系统服务接口的方法和参数；③用随机值改变参数并记录候选未捕获异常缺陷的模糊测试模块（Fuzzing）；④恢复模块，用于重复从上次重启方法中撤销检测过程；⑤确认模块，通过概念验证（PoC，Proof of Concept）查证候选的未捕获异常结果是否是真正的漏洞。一旦检测到候选的未捕获异常缺陷，Android 系统崩溃，会上报并存入漏洞库，以供进一步分析处理。

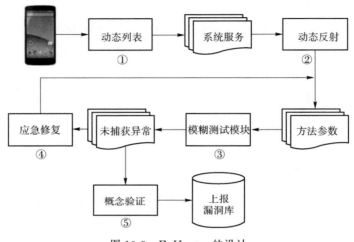

图 10-3　ExHunter 的设计

1. 动态提取 Android 接口

对于每个 Android 系统，我们首先进行系统分析，提取所有系统服务。

（1）提取系统服务

大多数系统服务都提供基本的 Android 功能，包括显示和触摸屏支持、电话和网络连接。对于要检测的每部 Android 手机，ExHunter 首先通过允许进程根据需要发现和获取系统服务引用的 Android 内部机制提取所有系统服务。

Android Binder 框架有一个单独的上下文管理器，对 Binder 对象的引用进行维护。上下文管理器对应的进程为 ServiceManager。它先于服务管理器与服务客户端运行，进入接收 IPC 数据的待机状态，以便系统服务可以在启动时向其注册，注册过程中，服务名称与 Binder 引用都会被传递给服务管理器。服务注册完成后，任何客户端都可以通过其名称获取其 Binder 引用。然而，大多数系统服务都会实施额外的权限检查。因此，只获取引用不一定能够发现一个完整的服务。

在我们的设计中，ExHunter 使用服务列表命令获取已注册服务的列表，该列表返回每个已注册服务的名称和实现的 IBinder 接口。从 bufferedReader 中读取后，即可获得所有 Android 系统服务。

表 10-2 未捕获异常漏洞中的典型方法和参数

系统服务方法	参数类型	参数
setWifiApConfiguration (android.permission. CHANGE_WIFI_STATE)	Map	Map.put(789)
	Array	new String[]{"1"}
	BinderArray	new IBinder[]{ib}
	BooleanArray	new boolean[]{false}
	DoubleArray	new double[]{1, 2, 3, 4}
	SparseBooleanArray	SparseBooleanArray.append(0, false)
	StringArray	new String[]{"123"}
	StrongBinder	getIBinder(sername)

在这个例子中,系统服务 WifiService 陷入了未捕获异常,然后会被 Process. killProcess( )杀死,最后 Android 系统崩溃重启。

综上所述,ExHunter 在检测未捕获异常和生成 PoC 方面是有效的。我们用 11 款 Android 手机对它进行了评估,一共提取了 1 045 个系统服务,实现了对 758 个可疑功能的反射,发现了 132 个未捕获异常新漏洞,生成了 275 个可用于系统 DoS 攻击的 PoC。结果表明:(1)谷歌、华为、联想、三星、LG、摩托罗拉、HTC、努比亚发布的大部分 Android 手机都存在此类漏洞。因此,可以相信该结论能够推广到其他未评估的手机。(2)漏洞的数量和详细信息因手机而异。(3)大多数漏洞可以通过直接捕获来利用,而其他漏洞的利用则取决于某些服务的状态。

我们向四家手机制造商报告了所有检测到的未捕获异常漏洞及 PoC,他们证实了我们的发现并承认了我们的贡献。

尽管 ExHunter 是有效的,但还是可以对其进行进一步的改进。例如,开发和利用更优化的模糊测试算法(如机器学习和深度学习技术),找到更多易受攻击的服务。

10.3 ExCatcher

为了缓解未捕获异常漏洞,我们根据一般未捕获异常漏洞产生的原因,设计了一个名为 ExCatcher 的保护扩展。ExCatcher 是一个能够重新捕获未捕获异常的 Android 补丁,可以避免关键系统服务被异常杀死。

10.3.1 ExCatcher 的设计

造成未捕获异常缺陷的根本原因是,未捕获的异常被抛给了可以以高权限直接杀死进程的 Android 框架中运行时的异常机制。每当关键系统服务被杀死时，Android 系统就会崩溃并重新启动。因此，手机制造商可以通过在每个系统服务接口中进行适当的安全检查，或者在代码中重写未捕获异常来修复未捕获异常缺陷。

我们开发了一种简单而有效的保护方法来重新捕获 Android 框架代码中的未捕获异常，称为 ExCatcher。它会过滤抛出的异常，确保关键系统服务不被高权限函数杀死，收集发现的未捕获异常并将它们添加到白名单中。每当服务陷入未捕获异常时，它会在服务被终止之前立即检查白名单。如果是会导致 Android 崩溃的关键系统服务，则只会传递异常而不做其他任何事情，以避免系统重新启动。如果系统服务不在白名单中，则照常执行。虽然这种方法比较简单，但在实践中很容易实现且十分有效。

10.3.2　ExCatcher 的实现

我们使用了针对 Android 框架的 RuntimeInit.java 文件的源代码补丁实现了 ExCatcher。RuntimeInit.java 为 Android 系统初始化应用运行环境，其中的 uncaughtException 函数在线程因未捕获异常退出时记录一条消息，捕获主线程的异常，并使用 Process.killProcess(Process.myPid()) 终止进程。

对于拥有 Android 系统源代码的手机厂商来说，应用这个源代码补丁就可以轻松实现 ExCatcher。此外，如果以后发现新的未捕获异常缺陷，唯一要做的就是将这些缺陷添加到白名单中。我们向厂商推荐的最佳方式是构建一个插件库来对白名单进行动态维护。

10.3.3　ExCatcher 的评估

我们在谷歌 Nexus 系列手机（Nexus 4、Nexus 5 和 Nexus 6P）上对 ExCatcher 进行了评估。我们将 ExCatcher 的源代码放到本地的 Android 开放源代码项目（Android Open Source Project，AOSP）镜像代码库中，然后构建了改进的源代码并获得新的 Android 镜像。以谷歌 Nexus 6P 为例，在刷入新镜像后，我们重新运行已发现的 39 个未捕获异常 DoS 攻击漏洞，没有一个可以再次使 Android 系统崩溃。Nexus 4 和 Nexus 5 上的评估结果与 Nexus 6P 相同。因此，我们向部分厂商提供了 ExCatcher，他们对 ExCatcher 进行了部署、确认，并对自己的手机进行改进。

与 ExHunter 相同，ExCatcher 也可以进行进一步的改进。例如，由于它在使用时需要重建 Android 系统并重新刷写生成的图像，这对于已经在用户手中的手机来说实践起来较为困难，所以可以尝试将其实现为一个插件库或是一个独立的 Android 应用程序，以便在手机上进行动态维护。

综上所述,我们对 Android 系统中的未捕获异常漏洞进行了研究。我们设计并实现了 ExHunter,利用它分析了 11 款 Android 手机,发现了 132 个新的未捕获异常漏洞,并构建了 275 个用于系统 DoS 攻击的 PoC。令人惊讶的是,大部分未捕获异常漏洞都是一次性漏洞,这意味着单个服务调用就可以导致 Android 系统崩溃。面对这样的新漏洞,已知的保护措施像是沙箱和权限机制等,都有可能会失效。因此,我们进一步开发了 ExCatcher 来重新捕获异常并缓解漏洞。最后,我们将研究报告给了四家制造商,帮助他们改进了新的商用手机。

参 考 文 献

［1］　吴剑华,莫兰芳,李湘. Android 用户隐私保护系统［J］. 信息网络安全,2012,
　　　（9）：50-53.

［2］　Aafer Y,Zhang N,Zhang Z,et al. Hare hunting in the wild android：A
　　　study on the threat of hanging attribute references［C］//Proceedings of the
　　　22nd ACM SIGSAC Conference on Computer and Communications
　　　Security. Denver：ACM 2015,2015：1248-1259.

［3］　Sufatrio,Tan D J J,Chua T,et al. Securing android：A survey,taxonomy,
　　　and challenges［J］. ACM Computing Surveys,2015,47（4）：58.

［4］　Zhou X,Lee Y,Zhang N,et al. The peril of fragmentation：Security hazards in
　　　android device driver customizations［C］//2014 IEEE Symposium on Security and
　　　Privacy. Berkeley：IEEE,2014：409-423.

［5］　Zhang P,Elbaum S G. Amplifying tests to validate exception handling code
　　　［C］// 2012 34th International Conference on Software Engineering （ICSE）.
　　　Zurich：IEEE,2012：595-605.

［6］　Android. Welcome to the android open source project.［2012-6-25］.http：//
　　　source.android.com.

［7］　Chen K,Wang P,Lee Y,et al. Finding unknown malice in 10 seconds：
　　　Mass vetting for new threats at the google-play scale［C］//SEC'15：Pro-
　　　ceedings of the 24th USENIX Conference on Security Symposium.Berkeley：
　　　USENIX Association ,2015：pages 659-674.

［8］　Zhang M,Duan Y,Feng Q,et al. Towards automatic generation of security-cen-
　　　tric descriptions for android apps［C］//Proceedings of the 22nd ACM SIGSAC
　　　Conference on Computer and Communications Security. New York：Association
　　　for Computing Machinery,2015：518-529.

[9] Enck W, Octeau D, McDaniel P, et al. A study of android application security [C]// Proceedings of the 20th USENIX conference on Security. San Francisco CA: USENIX Association, 2011:21-37.

[10] Huang H, Zhu S, Chen K, et al. From system services freezing to system server shutdown in android: All you need is a loop in an app[C]// Proceedings of the 22nd ACM SIGSAC Conference on Computer and Communications Security, New York: Association for Computing Machinery, 2015:1236-1247.

[11] Thomas D R, Beresford A R, Rice A. Security metrics for the android ecosystem[C]// Proceedings of the 5th Annual ACM CCS Workshop on Security and Privacy in Smartphones and Mobile Devices, New York: Association for Computing Machinery, 2015:87-98.

[12] Zhang H, She D, Qian Z. Android root and its providers: A double-edged sword[C]// Proceedings of the 22nd ACM SIGSAC Conference on Computer and Communications Security, Denver Colorado USA: The 22nd ACM Conference on Computer and Communications Security, 2015: 1093-1104.

第11章 基于流量挖掘的移动终端安全威胁分析方法

本章节将介绍行业内主流应对移动终端安全威胁分析的方法。

11.1 面向安全威胁的移动终端流量建模方法

11.1.1 流量搜集

一般来说可以使用以下 5 种工具对局域网或者广域网的流量进行采集。

1. MRTG

MRTG 是一个免费的软件,支持 UNIX 和 NT 操作系统,其安装过程非常简便,但由于其结果输出采用 Web 页面方式,因此需要在相应的平台上安装发布系统。例如,NT 系统上需要安装 IIS(Internet Information Services,Internet 信息服务),UNIX 系统则需要安装 Apache。MRTG 通常被网络管理人员用来收集网络节点端口流量统计信息,是典型的监视网络链路流量负荷的工具。MRTG 将真实流量数据统计信息通过 HTML 页面实时输出,使得维护人员可以迅速地发现网络的故障和可能发生故障的节点。MRTG 的定制非常方便,一般可以在网络的重要节点端口和故障发生频繁的网络设备处利用 MRTG 进行监视。

2. Sniffer Portable

Sniffer Portable 属于 Network Associates 公司的 Sniffer 产品系列。Sniffer 包含很多产品,分别适用于不同的场合。Sniffer Portable 可以安装在 PC、笔记本计算机上,不需要额外的硬件支持,其分析能力极其强大,是 Sniffer 产品系列中应用最广、知名度最高的产品。一般来说,用 Sniffer Portable 采集流量的过程是将安装了 Sniffer 的主机接入到交换机的某个端口（目的映射端口，Destination Span Port），然后将其他需要采集流量的交换机端口（可不在同一交换机上）流量映射到此端口，从而实现通过扫描一个端口采集多个端口的流量。

通过端口映射，Sniffer Portable 可以实时采集多种数据并保存到数据库中，同时可以通过其分析部件实时监视和显示这些数据的统计信息。

利用 Sniffer Portable 的数据捕捉功能，可以在最短的时间内对网络流量进行实时采集，这些采集到的流量数据可以包含整个包的信息，也可以只是包的一部分。利用捕获到的包可以进行协议分析、数据重组（如重组 E-mail）等工作。对包的解码和分析是 Sniffer 工具的一个最有特色的，也是最强大的功能。

当不采用厂家的特殊硬件系统时，Sniffer Portable 只能用于 100 Mbit/s 及以下速率链路；网络中可以安装多个 Sniffer Portable，但它们都是相互独立的，分别有各自的数据库，收集到的数据独立存放，这对于整个网络的分析带来一定难度，因此它特别适合小范围内的性能维护和分析；Sniffer Portable 分析能力特别强大，可以解析近 370 种协议。当要求对更高速（GE 或 POS 2.5 Gbit/s）的链路采集流量，或者是全面收集大型网络的流量时，可以采用 Sniffer 的硬件产品及其分布式系统，但其价格昂贵，在这里我们建议采用 NetFlow 或流量探针等其他方式。

3. ROM II 流量探针（ROM II Probe）

ROM II 是标准 RMON 的扩展。标准 RMON 由 Manager 和 Agent 组成，Agent 通常是由物理上的硬件设备来实现。一个 Agent 按照 RMON 标准监视一个子网（通常是一条链路）的流量信息，Manager 通过 SNMP（Simple Network Management Protocol，简单网络管理协议）从 Agent 获得测量数据。ROM II 在标准 RMON 的基础上增加了协议分布（ProtocolDist）、探针配置（probeConfig）等多个测量项目。流量探针是一种用来获取网络流量的硬件设备，使用时将它串接在需要捕捉流量的链路中，通过分流链路上的数字信号获取流量信息。

ROM II 流量探针指的是该探针提供对 ROM II 的支持。流量探针提供对 1 000 Mbit/s 及以下速率链路的支持（POS 2.5 Gbit/s 暂无厂家宣布支持）。

流量探针价格昂贵，不适合大面积安装，因此流量探针比较适合在汇聚层或接入层的某些重要节点内部实施。流量探针安装非常方便，可以实时将 RMON II 的流量信息完全记录下来，这对分析网络的性能和故障很有价值。如果将流量探针串接到 Catalyst 系列交换机端口，开启端口映射功能，将各个端口的流量映射到安装了流量探针的端口，则仅通过对一个端口的监测就可以收集到多个端口的流量信息。端口映射是由 Cisco 公司提出的概念，在其 Catalyst 系列设备上都可以实现。其他厂商如 Foundry 公司的交换机也提供端口映射的功能，但现在还不支持跨交换机的映射。

典型的流量探针设备有 Netscout 公司的 Netscout 和 Agilent 公司的

NetMetrix 系列产品,都是基于 RMON II。现有探针种类包括 OC-3 ATM 探针、半/全双工以太网探针、E1 广域网探针、GE 探针等,其收集的流量信息都包括以下部分:源 IP 地址、目的 IP 地址、时间、包个数、字节数。

流量探针可以实时对以上数据进行记录并保存到数据库中。和 Sniffer 一样,利用流量探针的数据捕捉功能可以在很短的时间内对网络流量进行实时采集,这些采集到的流量数据可以包含整个包的信息,也可以只是包的一部分。利用捕获到的包也可以进行协议分析,但其功能不如 Sniffer 强大。

流量探针的安装很简单,可以用于高速(千兆)的网络而不影响网络性能;流量探针可以实时捕捉包;但其成本高,针对不同的物理链路,因其采样方式不同而需要使用不同种探针;POS 2.5 Gbit/s 暂无厂家支持。

4. 开启 NetFlow 来获取 RMON II 流量

NetFlow 是 Cisco 公司提出的网络数据包交换技术,它同时可用来记录网络流信息。一个网络流是从给定的源到目的端的单向的一系列数据包,它使用源和目的端点的 IP 地址和传输层端口号、协议类型、服务类型(Type of Service,ToS)以及输入接口等来标记网络流。

NetFlow 记录的流包含了丰富的信息,非常适合于网络性能分析。NetFlow 不需要其他硬件流量设备的支持,开启和关闭都非常方便,因此在国外已有很多运营商用它来收集流量,服务于网络规划、设计和优化等领域。除了 Cisco 公司的产品外,现在还有 Foundry 公司的 BigIron 系列三层交换机和 NetIron 系列路由器提供对 NetFlow 的支持。

NetFlow 的数据输出要求先在路由器和交换机上定制 NetFlow 流输出,并选择输出流的版本、个数、缓冲区的大小等,配置相应 NetFlow FlowCollector(流量收集器)的 IP 地址、端口等信息,此时路由器或交换机即可以以 UDP(User Datagram Protocol,用户数据报协议)的方式向外发送流信息,然后在 NetFlow Flow-Collector 端配置接收端口号、设置汇聚、过滤策略、流量文件存放目录、格式等。一般来说,NetFlow FlowCollector 都选用 UNIX 工作站来收集数据,NetFlow FlowCollector 收集的数据将存放在本地磁盘中(路径由用户定义)。同时,它也可以通过网关以 SOCKET 方式发送信息到其他网管分析软件,如 Cisco 公司的 NetFlow FlowAnalyzer 流量分析软件;也可以直接读取存放在 NetFlow FlowCollector 工作站中的数据文件,对其进行分析处理。例如,将这些数据应用到网络仿真中,仿真出实际网络运行的性能参数,为网络设计和规划、运营维护等广泛领域服务。

NetFlow 的配置非常方便、安装简单,除了需要在路由器上配置之外,只需要一台 UNIX 工作站作为流的收集工作站,所有路由器或交换机上发送的 NetFlow 流都将送到此工作站集中,方便处理和分析。NetFlow 流信息量特别丰富,可以为流量分布、业务分布等性能分析提供最充足的数据,但需要消耗一定的路由器资源(CPU 和内存)且不能实时捕捉数据包。

根据 NetFlow 的特点可知,其非常适用于大型的网络。和流量探针、Sniffer 等相比,NetFlow 成本最低,实施最方便,而且不受速率的限制,是数据流量采集的发展方向。

5. NetDetector

Niksun 公司的 NetDetector 为 IP 网络提供实时、连续的流量记录和分析。与以上工具不同的是,NetDetector 可以实时、连续地将整个数据包捕捉并实时存储到内部或外部存储器上,其存储容量达到 T 字节。由于完全捕捉了链路的流量,NetDetector 可以回放经过某端口的流的过程,像一个摄像机,监视着网络资源被使用的安全状况。另外,NetDetector 可以重建 IP 流,可以将捕获到的 Web、E-mail、Telnet、FTP 等应用数据还原为发送前的状态,因此非常适用于保障网络安全。目前,NetDetector 已被用于美国 Internet 骨干网,用于收集犯罪证据,打击恐怖主义,维护国家安全。

11.1.2　模型基础类型

1. 短相关模型

具有代表性的短相关模型有泊松模型、马尔可夫模型、回归模型等,下面分别介绍说明。

(1)泊松模型适用于描述每单位时间内随机事件的数量。例如,每单位时间内某服务设施到达的人次数、电话交换机接收的呼叫数、公交车站的乘客数、机器故障数、自然灾害数、缺陷产品数、分区内的细菌数等。在早期,它被用于电话服务的流量建模以更好地表征其响应。然而,当用于物联网流量建模时,来自不同数据源的业务数据收敛会越来越平滑,这与实际情况不一致,不适合描述实际网络业务。

(2)马尔可夫模型是一种统计模型,广泛应用于语音识别、词转换、词性标注、概率语法、自然语言处理等应用。马尔可夫模型是使用变量的当前状态和运动来预测变量的未来状态和方法。马可夫过程在随机过程中引入相关性,它是一个没有后果的随机过程。它可以在一定程度上捕获流量的突发性,但只能预测最近的网络流量,不能描述长相关性。

(3)回归模型,顾名思义,它强调在一段时间长度中,未来的时间点上的数值可能由之前已出现过的数值表示,即已发生的变量可以预测出未来数据的变化趋势。比较常见的回归模型有参数简单易于计算的 AR(Autoregressive model,自回归模型)模型,这在以往的流量分析建模中使用较多。

2. 长相关模型

长相关模型中使用较多的有 ON/OFF 模型、排队模型、分形布朗模型等,我们也对这三种模型进行分别说明。

(1) ON/OFF 模型中一般是由 ON 和 OFF 两个状态组成,并且这两个状态是循环交替的过程。在网络流量模型中,当处于 ON 的时间段时,数据源会处于发送数据包的状态,而 OFF 时间段里,网络中没有流量。传统的 ON/OFF 模型假定 ON 和 OFF 状态的持续时间是指数分布的。ON/OFF 模型可以描述自相似性,缺点是假设过于严格。ON/OFF 模型中每个源是独立的和分布式的,并且输出速率是恒定的。大多数网络服务不能在这个前提下建立,说明实际流量更受限制。

(2) 排队模型:最基本的排队模型由输入过程,排队规则和服务三个部分组成。由于排队模型本身的自相似属性,我们一般在分析具有明显自相似性特征的流量且需要分析收发流量的排队性能时,使用排队模型来进行建模。但是由于排队模型所表现出的随机性以及严格的前提假设条件限制(它总是假设网络中一直在产生流量),在分析网络中业务的突发性时就会存在明显的不足。

(3) 分形布朗运动,即 FBM(Fractal Brown Motion)模型,它也是基于统计自相似过程的,因此在描述网络中流量数据的自相似性上具有明显的优势。这个模型的优点是参数简单,只需要平均速率 m,方差 a 和赫斯特指数这三个参数,就可以给出数学模型并完整准确地描述出流量特征,因此可以很容易地应用于各种网络的流量拟合。但是在用 FBM 模型分析网络流量时,由于其自相似程度高,只能描述有限的网络容量,不能描述业务短相关性。另外,由于 FBM 模型是高斯的,不能很好地为非负信号(如非高斯信号)建模,即 FBM 模型具有高斯特性,因此不能用于长相关性和短相关性的分析和精确的流量建模。

3. 复合模型

随着网络中流量数值的增长及特征的复杂化,单一的流量模型都具有其自身的局限性,仅能描述某一方面的特性,而不能全面准确地分析预测流量特征。因此,现在已经出现了一些流量预测分析的复合模型。如半马尔可夫模型、ARIMA 模型(Autoregressive Integrated Moving Average Model,差分整合移动平均自回归模型)等。这些复合模型根据网络中实际的流量数据特点,综合了多个单一模型的优势,削弱了单个模型自身的数学局限性,从多个角度对流量特征进行描述分析,使得预测结果更全面也更有说服力。但是,现有的复合模型大多比较复杂,需要确定合适的网络业务特性和进一步优化模型的准确性、简洁性。

11.1.3　流量特征分析

一般在 IP 网络中可根据 IP 数据包的源 IP 地址、目的 IP 地址、协议号以及

TCP(或 UDP)报头的源端口号、目的端口号来定义网络流。具有相同源 IP 地址、源端口号、目的 IP 地址、目的端口号和协议的网络信息就属于一个流。这样定义的网络流可以适合于多种网络协议栈。

通过分析具有相同协议类型的流,研究人员可以研究协议的工作性能和开发新的协议与应用。对流的分析可以为科学地规划网络提供依据,以便更好地管理网络和改善网络的运行服务,同时,还有助于网络管理者了解更多的网络流量情况和尽可能多的测量信息。

11.1.4 模型分析

传统模型能很好地描述业务源数量较少时的短相关性,但是在描述长相关及突发性时存在很大的局限性。而聚合的网络业务数量多,突发性明显,因此传统模型也并不适合描述聚合的网络业务流量。

不同的网络应用具有不同的流量特性,而现有网络流量模型的自适应性不强,针对某一类特定场景的准确度不高,因此,还需要结合实际情况,选择多维参数来进行流量特征的模型化。

在进行网络流量建模时,我们需要综合考虑模型的复杂性和描述流量特性的准确性,困难在于如何采取折中的方式来对两者进行兼顾,化解两者之间的矛盾。

真实的网络流量特征比较复杂,一维函数不能描述其所有特征,需要多分形测量。在小的时间尺度上,流量反映出复杂的变化规律,突发性高。在大时间尺度上具有长相关特性,流量反映出数据之间的相互依赖。因此,原来的单一模型很难准确地描述流动特性。

基于以上讨论,在实际网络流量建模工作中,需要结合具体网络环境及应用场景,选取合适的基础模型进行分析拟合。

11.2 移动终端威胁分析引擎设计

在对相关技术调研分析的基础上,本章将对网络摄像头安全威胁检测系统进行深入的需求分析,明确该系统的需求包括高速流量嗅探过滤需求、摄像头探测需求、摄像头高危身份协议检测需求和人机交互及可视化需求。在需求分析的基础上,本章对本系统进行总体的架构设计,确定系统的总体结构和组成模块,随后对该平台的网络拓扑结构进行设计和规划。随后本章介绍各个子模块的概要设计,对各个模块的功能和主要接口进行简要介绍。各个子模块包括高速流量嗅探及过滤平台模块、摄像头探测模块、探测规则生成模块、高危认证协议检测模块、人机交互模块。

11.2.1　系统需求分析

1. 摄像头探测需求分析

由于安装恶意摄像头、私接摄像头导致的个人、企业的隐私泄露甚至是国家机密泄露的事件层出不穷,所以本系统将对摄像头的安全威胁进行深入的研究,为减少摄像头安全威胁事件的发生提供一个良好的解决方案。根据实际需求,本系统将以两个方向为主要目标:

(1) 发现大型局域网络中的摄像头安装情况,并根据威胁程度进行分类;

(2) 检测摄像头的存在情况,提供检测摄像头自身存在性的方案。经过文献查阅,得出在较小的近场空间中临时检测摄像头的存在性已有较好解决方案的结论,但在大型的局域网中,如酒店网络、企业网络、居民楼网络中对摄像头的存在情况进行长期监控仍然没有较好的解决方案。

这主要包括如下几方面的问题:

(1) 大型局域网中的流量带宽高,对检测设备和检测技术均有较高要求。

(2) 对摄像头的探测,特别是对专用的隐私窃取摄像头的探测,需要对摄像头深入分析,得到其检测的规则和指纹,而当前市面上针对摄像头的检测规则库不完整。

(3) 对于摄像头的安全性检测多基于主动式的攻击,没有妥善利用网络流量进行摄像头安全性的检测。

(4) 专用的流量分析工具对于操作者有较高的理论技术要求,不适用于无经验的使用者。

因此,本系统针对上述问题提出了摄像头探测需求、高速流量嗅探过滤需求、摄像头高危身份认证协议检测需求和人机交互及可视化需求。下面将对这几个需求进行具体分析。

摄像头探测需求为本系统最为核心的需求。本系统能够对网络中摄像头的存在与否以及摄像头的类型做出判断。系统对摄像头的探测应包括两种途径,分别为被动探测和主动探测。

被动探测是将网络流量日志输入该系统后,系统能够按照特定的规则或指纹对流量中的特定数据包做出探测,从而检测出流量中是否存在摄像头。被动探测要求系统与网络环境不能有交互。

另外一种方式为主动探测,主动探测需要系统能够主动地发出探测包,并利用网络中其他设备的回应来判断系统中是否存在摄像头。这是由于摄像头设备可能长期处于休眠状态,在未收到指令的时候不会主动的向外传送视频流量数据或其他数据。为了能够对这种静止状态下无响应的摄像头做检测,需要开发此功能。

为了能更加准确和全面地完成对摄像头的被动探测和主动探测,系统还需要设计大量摄像头检测的规则,这些规则将以规则库的形式呈现。规则库应包含摄像头的类别、厂商、协议类型、物理地址、检测指纹等信息,使用规则库能够完成摄像头的探测。

在发现摄像头后,如何对摄像头信息进行存储也很重要。系统应能将摄像头信息存储在本地,或以 syslog、json 的格式发送给指定的日志服务器,方便后续的可视化和更高维度的统计分析。

2. 高速流量嗅探过滤需求

一个大型的局域网交换机通常由接入层、汇聚层和核心层构成,如图 11-1 所示。接入层交换机与终端设备直接相连,数量最多。汇聚层交换机数量其次,主要功能为承接接入层交换机的流量进行汇聚,并转发到核心层,减小核心层的压力。核心层为企业网络中最为核心的交换机,主要功能为对企业内部的所有流量做转发、分配 VLAN(Virtual Local Area Network,虚拟局域网)以及连接核心路由器等。

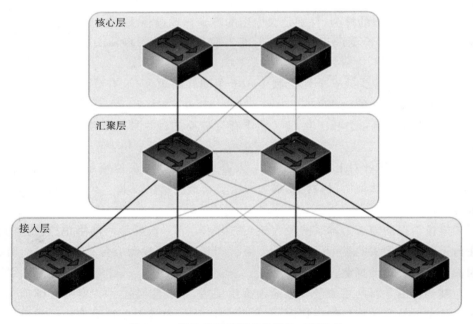

图 11-1　常见的局域网交换机的三层结构

为了使本系统能够捕获到局域网内更多的信息,本系统应当部署在核心交换机的位置,以监听局域网内部所有网络流量。但在核心交换机的位置会造成输入流量过大的问题。根据调研,企业局域网的核心交换机多采用千兆或者万兆交换机作为解决方案,日常负载可达数百兆或数千兆。而受限于 CPU 单核处理速度和内核态/用户态数据复制速度,当前主流的抓包库 libpcap 仅支持百兆内的数据抓包,在网络负载超过百兆时即会造成严重丢包甚至系统宕机。因此,本系统需要研究适合于高速网络环境下抓包的解决方案。

3. 摄像头高危身份认证协议检测需求

摄像头自身的认证协议安全性是摄像头安全威胁的重要组成部分,本系统应能对摄像头身份认证协议的安全性做出评估。

对摄像头安全性的评估应包括探索自动化的缺陷挖掘、认证协议威胁检测等方面,并应使用较为创新高效的方式进行评估。

4. 人机交互及可视化需求

除了上述需求,为了使本系统具有更好的交互性,系统还应提供一个良好的交互界面。交互界面应具有以下功能:

(1) 展示从不同端检测到的摄像头信息;

(2) 提供搜索和筛选功能,用户可使用设备类型等信息对摄像头信息做筛选和检索;

(3) 提供统计功能,用户可以直观地在界面中查看当前检测到的摄像头数量的统计信息;

(4) 具有用户管理模块,由于企业内部的摄像头信息属于敏感信息,所以系统应能对使用者在敏感信息的管理方面做基本的权限限制。

11.2.2　系统总体设计

本节基于上述需求分析提出了系统的总体设计方案。网络摄像头安全威胁检测系统将实现一个在高速网络环境下对摄像头的隐私安全进行检测的完整技术方案。根据项目的需要,该系统将部署在大型企业的核心机房,输入为接入网关的旁路镜像,输出为该网络中存在的可疑及高危的网络摄像头信息。下面将对各个模块的架构设计及数据交互关系进行简要描述。

如图 11-2 所示,系统将原始流量镜像信息作为输入。首先将流量镜像输入规则生成模块,规则生成模块是一个需要专业流量分析人员参与的模块,该模块能够使用网络爬虫和人工录入构建摄像头元信息库。元信息库包含摄像头的厂商、型号等基础信息。流量分析人员根据摄像头元信息库中提供的摄像头元信息,搭建摄像头实验环境。使用摄像头实验环境提供的原始流量日志以及 Snort 平台的语法编写对应的规则。在对规则完成良好的测试后,将规则存储到规则库中。

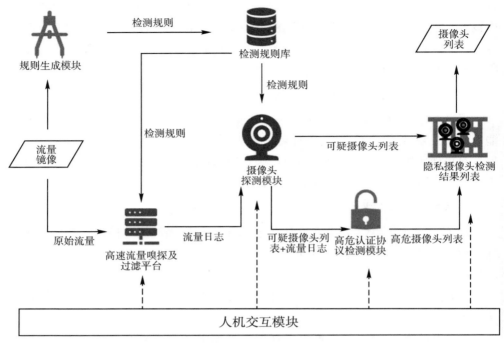

图 11-2　系统总体结构与模块关系图

由于处理高速流量有较高的性能要求,因此采取单独构建流量嗅探及过滤平台的方式对流量进行预处理。流量嗅探及过滤平台能实现从交换机等设备的网络镜像中读取流量信息,并能从检测规则库中读取检测规则,并将过滤出的包以流量日志的形式输出到摄像头探测模块。另外,此模块还实现了精简网络流量会话的功能。当对系统的安全信息进行审计时,为了对非法流量信息进行回溯,需要读取原始的流量信息。但是大型局域网内的流量信息体积十分庞大,存储原始流量信息会十分浪费空间。所以,本模块设计了流量精简和归档存储的功能,在流量存储时仅保存网络流量 TCP 流中某固定长度段和帧数的数据包。

为了对摄像头进行探测,系统设立了摄像头探测模块。探测模块能对流量过滤平台模块进行良好的进程调度。探测模块能从过滤的流量日志中分析得到对应的摄像头信息,分析出可疑摄像头的品牌、型号等信息。同时,它能将摄像头列表和一些关键的流量日志输出到高危认证协议检测模块中,进行更加深度的分析。

高危认证协议检测模块具有对流量日志中的密码认证协议进行智能识别的功能,它接受摄像头探测模块的可疑摄像头列表和流量日志作为输入,并将其建模为特征向量。通过已经预训练好的深度学习模型从流量日志中分析得出高危认证协议的数据包,并将此摄像头进行报警。

人机交互模块向使用者提供了一个用户友好的界面。通过该界面,使用者能够可视化地对系统的各个模块进行查询和控制,并展示隐私摄像头检测结果列表。

11.2.3　平台网络拓扑结构设计

为了能更好地实现上述各个模块,我们对平台的网络拓扑结构做了良好的设计,明确该系统的部署位置。本平台的网络拓扑结构示意图如图 11-3 所示。

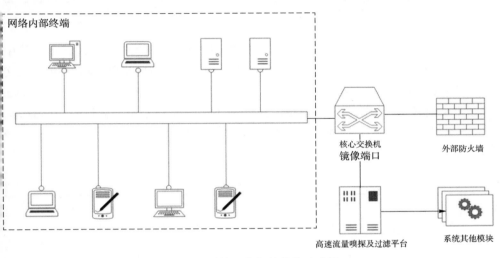

图 11-3　系统网络拓扑结构示意图

大型局域网通常由接入层、汇聚层和核心层组成,核心交换机分布于核心层。核心层是网络的中心处理节点。通过对核心层的网络交换机开放镜像端口,镜像端口的设备能够监听到局域网的所有数据包。因此本系统将高速流量及过滤平台模块部署在镜像端口的位置以监听原始流量信息,并对信息进行过滤后输出到系统的其他模块。

11.2.4　关键类设计

本节将对系统的关键类:设备类(Device)和报文类(Packet)的设计做详细描述。Device 表示发现的摄像头,系统的关键类的属性结构如表 11-1 所示。Device类共包含四个属性,model 表示摄像头的型号,ID 表示摄像头的唯一编号,IP 表示摄像头的 IP 地址,MAC 表示该设备的数据链路层物理地址,packets 表示与该摄像头相关的包列表,login 参数存储在流量中发现的登录用户名密码或者用户名(UID)信息。

表 11-1　系统的关键类的属性结构

属性名	属性类型	含义
model	Dict	表示该摄像头的型号参数字典
ID	Str	唯一编号
IP	Str	IP 地址
MAC	Str	MAC 地址
packets	List	相关的包列表
login	Dict	捕获到的登录相关参数

Packet 表示摄像头相关的报文信息类,其属性结构如表 11-2 所示。其中 ruleID 表示匹配到该报文的规则 ID,在规则库中也有对应的字段;rate 表示该报文的权重;protocol 表示该报文对应的协议类型;smac 表示报文的源 mac 地址;sip 表示报文的源 IP 地址;sport 表示报文的源端口;dmac 表示报文的目的 mac 地址;dip 表示报文的目的 IP 地址;dport 表示报文的目的端口号;ts 表示时间戳;raw 表示报文的内容。

表 11-2　报文信息类的属性结构

属性名	属性类型	含义
ruleID	str	表示匹配到该报文的规则 ID
rate	str	权重
protocol	str	表示该报文对应的协议类型
smac	str	源 mac 地址
sip	str	源 IP 地址
sport	str	源端口
dmac	str	目标 mac 地址
dip	str	目标 IP 地址
dport	str	目标端口
ts	timestamp	时间戳
raw	str	报文内容

11.2.5　摄像头模块设计

1. 探测规则生成模块设计

目前,市面上并没有较为完整的对摄像头流量的检测规则。因此,需要探测规则生成模块以降低网络流量分析人员的工作复杂性。探测规则生成模块的主要目的是分析和构建摄像头流量监测规则。通过利用此模块，本系统完成了 100 余条检测规则。探测规则生成主要分为搭建测试环境、特征定位、规则补全和规则验证等步骤，并最终将检测规则存储到检测规则库中。如图 11-4 所示探测规则生成流程图。首先搭建测试环境，然后对测试环境生成的原始流量日志信息做分析，实现摄像头特征的定位。随后利用摄像头的基础信息表和摄像头特征信息做摄像头规则的补全。之后对生成的摄像头规则做验证，本步骤需要用到测试版的嗅探及过滤平台。在测试通过后，将过滤规则存储到检测规则库中。

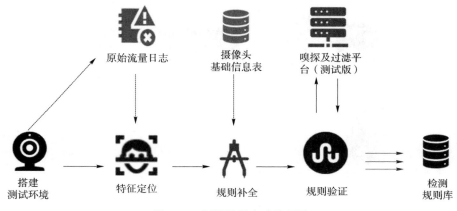

图 11-4　探测规则生成流程图

2. 特征规则生成环境设计

搭建特征规则生成环境是本模块的基础操作。它应能使流量分析人员抓取到网络摄像头的流量包信息，并对摄像头流量信息进行查看和定位；同时，还应能对构建的规则做验证性测试。针对这些要求，本系统设计了如图 11-5 所示的特征规则生成环境。

该环境由待测摄像头、移动控制端、无线路由器和分析工作站构成。使用路由器搭建小型局域网，将其他设备接入到该局域网中。路由器应当接入到互联网中，但为了确保摄像头环境的可控性，路由器的互联网应当能随时中断。将分析工作站接入路由器的局域网中，然后在路由器中配置镜像接口为分析工作站所使用的接口。分析工作站基于 Kali Linux 操作系统构建，Kali Linux 是一款广为流行的针对网络安全研究的 Linux 发行版操作系统，其内置的多种工具极大方便了网络安全研究者，如 Wireshark、TcpDump、Snort 等软件。Wireshark 用于流量嗅探和可视化分析。TcpDump 用于命令行下的抓包分析，具有更高的可编程性。而 Snort 是一款入侵检测系统，支持对原始流量信息的预处理和基于规则的过滤。使用这三款软件能较好地模拟网络嗅探平台中的环境。

由于摄像头多采用移动端应用实现对摄像头的控制管理，因此设立实验移动控制端。当对特定摄像头做测试时，首先安装摄像头对应的移动控制端应用，然后根据摄像头说明书中给出的操作控制说明将摄像头接入到路由器提供的局域网中。摄像头将传输视频信息和一些控制信息到局域网中。

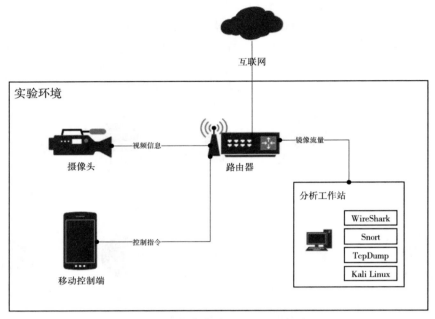

图 11-5　摄像头特征规则生成环境

出于安全性和可操作性的考虑,实验环境还应注意以下要点:

(1) 实验环境的局域网中应当尽可能少地安装待测设备。这是为了减少非必须实验设备对实验造成的干扰,从而尽可能快地定位到实验设备的有效数据包,减少系统的载荷。

(2) 实验环境中不能安装带有重要数据的工作站或其他终端。由于待测设备自身的安全性未知,所以为了保护数据安全,分析工作站不应当包含重要数据,同时应当做好安全防护。

(3) 路由器应当避免可直接连接到实验室的其他内网终端。这同样是出于安全性的考虑,避免实验室的环境被攻击者攻击。建议使用防火墙对路由器及实验环境的其他终端可连接到的网段做合理显示。

(4) 实验环境采用的路由器应当具有端口镜像功能。端口镜像功能为本实验环境的核心功能之一,但较多的家用无线路由器不具备此功能,因此在设备采购时应当注意路由器是否包含此功能。

经过合理的配置,摄像头和移动控制端传输的信息就能够发送到分析工作站中,以供后续的特征定位、规则生成和规则测试。

3. 特征定位方法设计

网络流量分析人员使用搭建好的环境可以进行特征定位的工作。特征定位是对摄像头的流量信息做筛选并从中发现规律,总结出某种摄像头流量帧中存在的固定模式,以便后续针对固定模式编写特征规则。根据 TCP/IP 分层模型(TCP/IP Layening Model),网络协议自底向上分为物理层、数据链路层、网络层、传输层和应用层五层,本模块中的特征定位主要针对网络层、传输层和应用层。在本模块中,特征定位工作主要由 Wireshark 配合手动分析完成。

为了能更加精准且全面地对摄像头的流量特征进行定位,本功能应当从多个层次针对同一个摄像头进行定位。数据包可以根据功能类型分为控制包和视频数据包。根据数据包是否为开放的标准视频协议,可以分为私有协议和公开协议。根据特征的协议层级可以分为网络层、传输层和应用层。控制包是指摄像头传输的不包含具体视频内容的包。该数据包包含传输摄像头的基本信息、授权验证、控制摄像头的状态和对摄像头配置的更改。如图 11-6 所示为某隐私窃取摄像头的特征数据包示例,该数据包为传输摄像头基本信息的数据包。图 11-6 中带底纹的数据段与摄像头机身的包装中标记了该摄像头的 UID 码相同,因此可以确定该数据段为 UID 字段。通过对同类型设备 UID 码的研究,我们发现 UID 码为一个以 6 字符—12 字符—6 字符为模式的字符串,而且包含传输层数据载荷的头部为 0x01eeaa。因此可以将此作为该摄像头的一个特征进行记录。

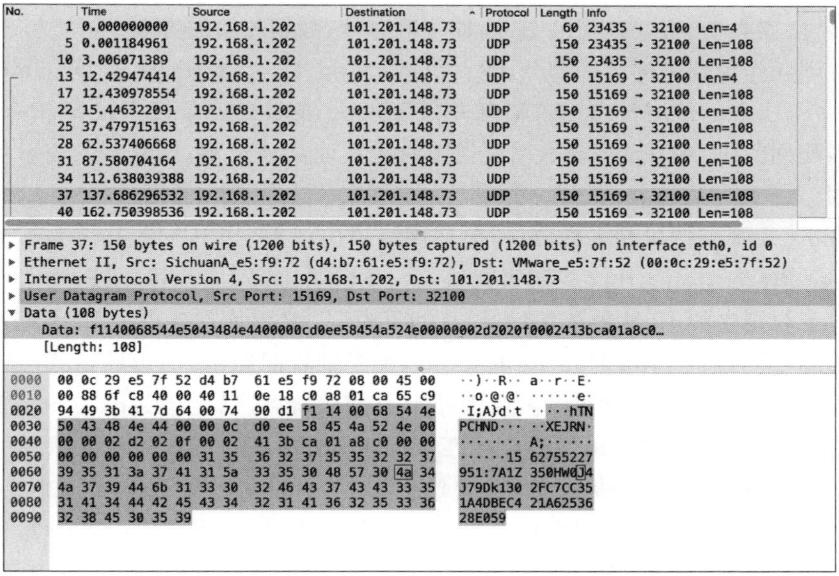

图 11-6　某隐私窃取摄像头的特征数据包示例

经分析,该种设备的视频数据包也为固定的协议格式,视频数据包的长度不固定,但数据包传输层载荷的包头部也为"0x01eeaa"。而且,视频数据的接收方为固定的 10250 端口。这也可作为摄像头的一个特征。

该摄像头的视频数据包为私有协议类型,因此无法使用公开协议类型对其进行过滤,分析人员需要通过猜测的方式确定其数据特征。

上述两个特征均为传输层的协议特征。接下来将继续说明如何对网络层的数据特征做分析。网络层包含数据接收方和发送方的 IP 地址信息。待测摄像头处于内网,因此无法使用其 IP 地址作为特征。而其向外发送数据的接收端为公网的数个 IP。使用 Nmap(Network Mapper,一个网络连接端扫描软件)扫描这些 IP 的端口开放信息,发现这些 IP 均开放了 10250 端口,因此可以判断这些 IP 为摄像头的云端数据接收服务器,也就是说,这些 IP 也可以作为摄像头的一个特征。但由于 IP 地址随着云服务器的更换而更换,因此应该适当降低其对规则的权重。

对摄像头的应用层协议的数据包进行分析后发现,摄像头频繁向 DNS(Domain Name System,域名系统)服务器请求域名"p2pcam.mycamdns.com"。根据该域名中的 p2pcam 的英文缩写,推断该域名与摄像头相关。因此也将该 DNS 信息作为该摄像头的特征之一。

4. 规则补全方法设计

上一步骤中发现的特征结果采用的是非标准的语法格式,而本系统采用的检测规则是基于 Snort 实现的,因此需要将特征结果列表改写为 Snort 检测规则。Snort 的检测规则结构包括规则头部和规则体。检测规则的头部信息包括规则动作类型、协议类型、报文匹配的 IP 地址和端口号、数据传输的方向。

规则动作为规则的第一部分,包含 Alert、Log、Pass、Activate 和 Dynamic 五种类型。Alert 表示使用日志记录消息并报警;Log 表示只记录但不报警;Pass 表示忽略匹配到的包;Activate 表示用此规则激活其他某项规则;Dynamic 表示被激活的规则。

Snort 规则支持检测多种协议,包括网络层协议 IP 和 ICMP(Internet Control Message Protocol,Internet 控制报文协议)、传输层协议 UDP 和 TCP。

对于规则中的 IP 地址和端口号,有如下说明:IP 地址支持单一 IP 的编码格式或 CIDR(Classless Inter-Domain Routing,无类别域间路由)的编码格式。这让本系统可以很方便地对某个网段做规则匹配。另外,也可以使用关键词 any 表示任意网络。IP 地址支持"!"操作符表示匹配非 IP 段的 IP。端口号也支持单一端口或端口字段。如":1024"表示小于 1024 的端口,"1024:9999"表示大于 1024 但不超过 9999 的端口。Snort 规则包含一对 IP+端口地址对,通常使用第一个 IP+端口地址表示源地址,第二个表示目的地址。

数据传输方向为两个地址对中间的操作符。数据传输方向包含->或<>,分别表示发送数据或发送接收数据的匹配规则。注意 Snort 规则中没有<-方向,如果要表示接收数据的规则,则需要翻转规则中的 IP+端口地址对。

规则的另一部分为规则体。规则体包含规则的唯一编号(sid)、备注消息(msg)、规则版本以及摄像头匹配规则。

为了方便对规则的索引,本系统对 sid 进行如下定义:

19＋＜设备类型编号:4 位＞＋＜该规则在本设备类型中的编号:3 位＞

如 sid 规则 191001002,19 表示实验编号,1 表示规则系列,001 表示设备类型编号,002 表示该规则在本设备中的编号。

为了传递设备类型的必要信息,本系统设计了 msg 字段。msg 字段以 Web-CAM 作为消息前缀,之后是 json 格式的消息内容。格式为:

"WebCAM type":"＜设备类型名＞",

"typeid":"＜类型 ID＞",

"rate":＜权重＞,

"partid":＜规则在本设备中的编号＞,

"parts":"＜总规则数＞".

规则改写中使用较多的匹配规则字段为 content 字段。content 是匹配报文内容的字段,其内容参数支持二进制和文本内容。例如,content:"string" 匹配的是文本内容,而 content:"|5C||1A|"则匹配的是二进制内容。它支持一些修饰参数对搜索进行自定义处理。当 content 字段后紧跟 nocase 选项时,表示在匹配时忽略大小写;rawbytes 修饰选项表示仅匹配最原始的数据,忽略 Snort 预处理器的数据;offset 修饰选项表示从数据包载荷的哪个字节开始匹配;depth 修饰选项表示从 offset 开始匹配的字符长度;distance 表示从上一个匹配成功的 content 的尾部算起多少字节后开始匹配;pcre 修饰符支持在搜索时使用 perl 格式的正则表达式做匹配。对规则特征改写时应当遵循 content 字段的语法规则。图 11-7 所示为经过改写后,部分摄像头匹配规则的示例。

```
# xiaoyi
# heartbeat
alert udp any any -> any 32100 (\
    sid:190116001; \
    msg:"WebCAM {"type":"xiaoyi", "typeid":"116", "rate":0.5 ,"partid": 1, "parts":1}";\
    dsize: 108<>108;\
    content:":";offset:54; depth:54;\
    rev:1 ;\
    )


# xmeye
# dns
alert udp any any -> any 53 (\
    sid:190201001; \
    msg:"WebCAM {"type":"xmeye", "typeid":"201", "rate":0.5 ,"partid": 1, "parts":2}";\
    content:"secu100";\
    rev:1 ;\
    )

alert udp any any -> any 53 (\
    sid:190201002; \
    msg:"WebCAM {"type":"xmeye", "typeid":"201", "rate":0.5 ,"partid": 2, "parts":2}";\
    content:"xmeye";\
    rev:1 ;\
    )
```

图 11-7　某隐私窃取摄像头特征数据包详情

5. 检测引擎设计

检测引擎使用上一步骤中生成的检测规则对预处理后的流量做模式匹配处理,规则匹配流程如图 11-8 所示。

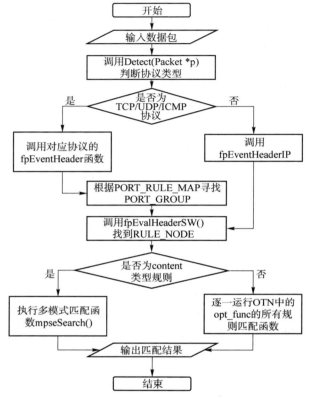

图 11-8　检测引擎规则匹配流程图

在 Snort 中,规则由 RTN 结构体表示,规则选项由 OTN 结构体表示,其主要属性结构如表 11-3 所示。

表 11-3　RTN 主要属性结构

结构名	属性名	属性类型	属性含义
RTN	sip	IpAddrSet	源 IP
RTN	dip	IpAddrSet	目的 IP
RTN	src_protobject	PortObject	源端口
RTN	src_protobject	PortObject	目的端口
RTN	down	OptTreeNode	相关的 OTN
RTN	rule_func	RuleFpList	规则匹配函数
RTN	opt_func	OptFpLis	规则匹配函数

结构名	属性名	属性类型	属性含义
RTN	ds_list	void	插件所需的数据结构指针
RTN	proto_nodes	RuleTreeNode	指向关联的 RTN

根据构建好的规则结构,规则匹配模块读入每个数据包并执行规则匹配功能。当接收到数据包时,调用 Detect(Packet ＊ p) 函数判断协议类型,如果协议为 TCP、UDP 或 ICMP 协议,则调用对应协议的 fpEventHeader 函数,然后根据 PORT_RULE_MAP 映射表获得端口组 PORT_GROUP。如果不是上面的三种协议,则调用 fpEventHeaderIP() 函数。然后,根据端口组或 fpEventHeaderIP 的返回值,调用 fpEvalHeaderSW 函数,找到规则对应的规则节点(RULE_NODE)。判断规则节点的值类型,若为 content 类型,则执行多模式匹配函数(mpseSearch),否则需查找 OTN 中 opt_func 属性对应的规则匹配函数,并注意执行。最后输出匹配结果,匹配流程结束。之后规则匹配模块将根据规则的动作类型将结果输出到某一位置。

通过高速流量嗅探与过滤平台模块的处理,原始流量信息将被过滤为摄像头相关的流量日志信息。本模块能快速准确地实现规则的匹配,极大地方便了摄像头探测模块的操作,使其无须考虑底层流量信息间的差异。

11.3　移动终端威胁分析实验验证

11.3.1　系统推荐部署环境

为了能使本系统正常运行且能更好地表现出本系统的性能,我们提供了推荐的系统部署环境。推荐部署环境硬件配置表如表 11-4 所示。

表 11-4　推荐部署环境硬件配置表

CPU	Intel 至强 E3-1220V6 及以上
内存	8 GB 及以上
硬盘	8 TB 及以上
网卡	Intel 82575/82576/82580/I350 光纤万兆网卡×2 Intel 8254x/8256x/8257x/8258x RJ-45 千兆以太网网卡×2

推荐部署环境软件配置表如表 11-5 所示。本系统采用的软件环境技术栈是在 Linux＋Docker 的基础上构建的,同时,在 Docker 的基础上又使用了 Python 技术栈和 PF_RING 技术栈。

本系统使用 Docker 封装，下载本系统源代码后使用命令 docker-compose up -d 即可启动。Docker 是一种容器环境，使用 Docker 封装的软件系统虚拟化了操作系统的部署差异，使用者可以方便地在不同的操作系统上移植 Docker 镜像。

表 11-5　推荐部署环境软件配置表

软件名称	版本	下载地址
Ubuntu	18.04	http://ubuntu.com/download
Linux Kernel	4.19.78	https://mirrors.edge.kernel.org/pub/linux/kernel/v4.x/patch-4.19.78.xz
Python	3.6.8	https://www.python.org/downloads/release/python-368/
Docker	19.03.1	https://docs.docker.com/install/linux/docker-ce/ubuntu/
Tcpdump	4.9.2	https://www.tcpdump.org/#latest-releases
Snort	2.9.7.0	https://www.snort.org/downloads
PF_RING	7.4.0	https://github.com/ntop/PF_RING
snortunsock	0.0.5	https://github.com/John-Lin/snortunsock
docker-compose	1.24.1	https://github.com/docker/compose

值得注意的是，硬件设备需要严格采用推荐环境提供的网卡配置方案。这是由于 PF_RING 针对列表中提到的网卡制作了专用的驱动，使其支持 PF_RING ZC（零复制）模式，而 PF_RING 不支持其他网卡使用 ZC 模式。

11.3.2　外部测试环境

为了验证检测摄像头功能的可用性，首先需要搭建外部测试环境。外部测试环境与之前所描述的基本一致。实验采用了共计 21 类的摄像头构建测试环境，包括乐橙、米家等家用摄像头，大华、海康威视等企业级监控摄像头以及解密者、P2Pcam 和一些无名厂商的窃听窃照专用摄像头。部分摄像头如图 11-9 所示。根据各个摄像头的说明书开启它们并连接到同一个无线局域网中，且该局域网通过无线路由器接入到互联网中。

图 11-9　测试环境中用到的部分摄像头

将本系统通过网线接入路由器的 LAN(Local Area Network,局域网),使用路由器提供的端口镜像功能将流经路由器的流量包镜像到本系统中。根据摄像头的流量特征制作检测包,检测规则的数量为 136 条。

11.3.3　测试结果

在接入路由器的镜像接口后,需要对一些参数进行相应的调整。本系统采取 sentryeye.env 文件来配置变量。首先,需要设置可视化模块的服务器地址。由于本次实验采取本地部署可视化模块的方式,因此可视化模块的服务器地址设置为本地。在 sentryeye.env 中响应的修改服务器地址 WEB_HOST 为 localhost,端口 WEB_PORT = 9013。然后,切换到可视化模块的目录 sentryeye-web,使用 docker-compose up -d 命令启动可视化模块。在浏览器中打开可视化页面,输入用户名和密码后即可进入可视化模块界面。

在可视化模块运行正常后,即可打开运行主程序。首先在命令行下切换主程序目录 sentryeye 下,使用命令 docker-compose up 启动主程序。启动后等待约 30 秒,即可在命令行可看到如图 11-10 所示的界面,包括程序 Banner 和检测到的摄像头信息。由图可知,检测到的摄像头为 CM1 摄像头,是一款窃照专用摄像头。

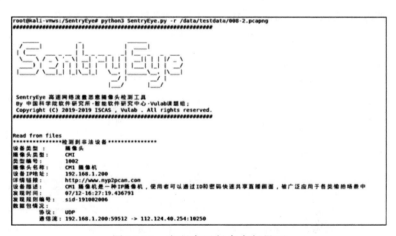

图 11-10　主程序运行命令行界面

如图 11-11 所示,在可视化界面中也可看到已发现的摄像头列表,证明可视化模块运行成功。同时,经测试发现,编写了规则的 20 余种摄像头均已在具体检测出的摄像头型号中,符合既定目标。

系统同样提供了显示长期日志的功能,执行 docker-compose logs -f 即可以持

图 11-11　可视化界面发现摄像头

续监听的方式查看软件运行的日志。日志界面如图 11-12 所示,可以看出系统中显示了监控端和 Redis 缓存服务器的一些日志信息。这些日志信息可以方便后续对系统中出现的告警信息和系统错误进行溯源。

```
 ~ sentryeye git:(dev) docker-compose logs -f
Attaching to sentryeye_capture_1, sentryeye_monitor_1, sentryeye_redis_1
monitor_1  | * Stopping enhanced syslogd rsyslogd
monitor_1  |    ...done.
monitor_1  | * Starting enhanced syslogd rsyslogd
monitor_1  |    ...done.
monitor_1  | * Restarting periodic command scheduler cron
monitor_1  | * Stopping periodic command scheduler cron
monitor_1  |    ...done.
monitor_1  | * Starting periodic command scheduler cron
monitor_1  |    ...done.
monitor_1  | start SentryEyeDaemon
monitor_1  | create workers process down
monitor_1  | start file_manager
capture_1  | tcpdump: listening on eth0, link-type EN10MB (Ethernet), capture size 262144 bytes
redis_1    | 1:C 23 Mar 2020 12:59:24.962 # o000o000o000o Redis is starting o000o000o000o
redis_1    | 1:C 23 Mar 2020 12:59:24.963 # Redis version=5.0.5, bits=64, commit=00000000, modified=0, pid=1, just started
redis_1    | 1:C 23 Mar 2020 12:59:24.963 # Warning: no config file specified, using the default config. In order to specify a config file
use redis-server /path/to/redis.conf
redis_1    | 1:M 23 Mar 2020 12:59:24.966 * Running mode=standalone, port=6379.
redis_1    | 1:M 23 Mar 2020 12:59:24.966 # WARNING: The TCP backlog setting of 511 cannot be enforced because /proc/sys/net/core/somaxcon
n is set to the lower value of 128.
redis_1    | 1:M 23 Mar 2020 12:59:24.966 # Server initialized
redis_1    | 1:M 23 Mar 2020 12:59:24.966 # WARNING overcommit_memory is set to 0! Background save may fail under low memory condition. To
 fix this issue add 'vm.overcommit_memory = 1' to /etc/sysctl.conf and then reboot or run the command 'sysctl vm.overcommit_memory=1' for
this to take effect.
```

图 11-12　日志界面

可以看出,本系统具有良好的摄像头探测功能。

## 第 12 章

移动终端高安全威胁情报分析及态势感知

态势感知最早用于军事领域,随着网络的迅速发展,越来越多的专家学者将态势感知技术用于安全垂直领域[1]。根据 Endsley 对态势感知的定义[34],态势感知可以被分为态势要素提取、态势理解和态势预测三级,其三级模型如图 12-1 所示。

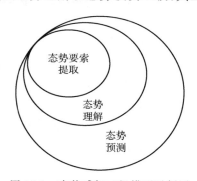

图 12-1　态势感知三级模型示例图

移动终端安全威胁态势感知通过融合提取的数据来进行安全态势评估,为管理者的决策提供理论支撑,对降低安全风险、提高应急响应能力以及预测安全趋势方面具有很大的贡献[2]。单一要素指针对 NetFlow、SNMP 等特定数据提取,但是只局限于特定角度的分析,无法进行全局分析,所以国内专家学者综合各方面的信息,多角度获取并分析数据。高安全威胁态势评估通过分析态势要素间的关联关系并将其融合,形成一个高安全威胁态势指标,帮助决策者更全面地理解当前环境。

12.1　移动终端威胁情报建模

移动终端威胁情报建模首先通过分析国内外多个威胁库中的威胁情报信息

及数据结构,构建了一个包含漏洞、软件、补丁、新闻等信息的威胁本体;然后通过数据清洗、信息抽取、信息融合、信息存储等技术构建移动终端威胁情报知识图谱。

12.1.1　知识图谱的应用与发展

20 世纪中期,Eugene Garfield 博士的论文提出通过引文索引的方式来检索文献[3]。从 20 世纪末开始,为了推广以本体形式来表达数据更深层次、更抽象的语义信息,资源描述框架模式(Resource Description Framework schema,RDF)、网络本体语言(OWL)被相继提出,语义网络一度成了专家、学者的热门研究对象[4],而知识图谱正是一个在语义网络的基础上发展起来的概念[5,6]。它于 2012 年被 Google 正式提出,帮助 Google 以一种与人类认知更为相似的形式,对互联网的海量信息进行了更好地组织、管理和理解[7],实现了一种更加智能的搜索方式,从而让用户可以快速高效地进行搜索任务。

知识图谱通过模拟人类对世界进行认知的方式表达出海量的数据的同时,还可以更好地管理这些数据[4]。因此,基于它的应用成了当前信息领域的一个研究热点。目前知识图谱主要用在智能搜索与问答、个性化推荐、智能分析与决策等方面[8],在社交网络、物联网、生物医学、金融等垂直领域中都实现了其价值[9]。

2013 年以后,知识图谱开始逐渐获得普及[10],其发展过程经历了多个阶段。知识图谱实质上是由语义网络发展而来的[5,6]。语义网络[11]于 20 世纪 50 年代末被提出,可以被看成是一种基于有向或无向图的数据结构,能够方便地以图的形式对自然语言进行表达、存储[10],然后用于自然语言理解[12]、机器翻译[14]等。20 世纪 70 年代时,许多工作开始关注一阶谓词逻辑以及语义网络这两者的关系[3]。例如,漆桂林等人[15]提出了一种将语义网络转为谓词逻辑形式的算法。在此基础上,科学家费根鲍姆于 1977 年首次在国际人工智能会议中提出了知识工程的概念[13],而知识工程本质上是在面对用户的提问时,通过已存储的现有知识进行求解的系统。知识工程最典型的一个应用就是专家系统,其核心之一为专家知识库[9]。从 20 世纪 80 年代开始,专家系统及知识工程成了领域中的焦点[3]。关于语义网络的理论也在这一时期得到了完善,相关研究也逐渐转向了语义逻辑严格的知识表示及推理[11]。到了 20 世纪 90 年代,由于相关的工作又集中在了概念间的关系建模上,术语逻辑(terminological logic)、描述逻辑得以被提出[3],代表作有 CLASSIC 语言[17]及事实推理机[18],Bemers-Lee 等人提出的语义 Web[19]是进入 21 世纪后的语义网络的一个应用场景,它是指在 W3C[20]的标准指导下扩展 Web,使得数据可以在不同的应用程序中得到共享及重用[11]。从这里开始,知识会被组织成本体或者模式,而且数据间的链接的建立也标志了链接数据[21]的出现。一些高质量的知识库，如 Yago[22]、DBpedia[23] 和 Freebase[24] 也由此开始汇集和发布[3]。这些都为之后 Google 知识图谱的形成奠定了基础[11]。

12.1.2　知识图谱构建相关技术

1. 实体抽取技术

实体抽取也被称为命名实体识别，是信息抽取中最重要的部分[10]。一般来讲，实体抽取的主要任务是识别出文本中出现的人名、地名、机构名、日期、时间、货币、百分数这七类实体[14]。1991 年，由 L.F. Rau 发表的论文《Extracting Company Names from Text》[15]第一次提出了信息抽取系统，通过启发式算法和基于规则和词典的方法抽取公司名称[16]，李楠等人提出通过一种启发式规则进行中文化学物质命名实体识别[17]。除此以外，命名实体识别主要还有基于统计的方法[16]，通过训练人工标注好的语料学习得到机器学习的模型，进而进行命名实体识别。常用的基于统计的方法包括最大熵模型、隐马尔科夫模型、支持向量机和条件随机场等，比如：薛向阳、徐智婷等人提出以最大熵模型作为基本框架，同时引入启发式知识，有效整合多个约束信息，其建立的混合模型可以有效地进行汉语命名实体识别[18]；王浩畅、赵铁军等人提出在使用支持向量机的同时引入缩写词识别模块和过滤器模块，该方法在生物医学信息中的实体识别上取得了不错的效果[15]；祁日秀提出通过基于无向图模型的条件随机场模型来进行命名实体识别，可以达到较好的准确率[19]。除了以上算法，目前基于深度神经网络以及注意力机制、迁移学习等算法的研究也趋于成熟。顾溢提出通过 BiLSTM-CRF（Bi-directional Long Short-Term Memory-Conditional Random Field，双向长短期记忆网络-条件随机场）算法进行复杂中文的命名实体识别，并取得了较好的结果[20]。

2. 关系抽取技术

关系抽取是指从文本中获取实体之间语法或语义上的关系，是信息抽取的关键环节[21]。与命名实体识别相同，关系抽取方法分为基于规则的方法和基于统计的方法。目前的研究以基于统计的方法为主，基于规则的方法为辅[22]。

Bryan Rink 将关系的抽取当作关系分类任务，并利用 SVM 分类器（Support Vector Machine，支持向量机）实现了此任务[23]。Li 和 Ji 认为实体识别的结果可能会影响关系分类的表现[24]，Zheng 等人认为先抽取实体再抽取关系的顺序会忽略信息的相关性，于是提出基于标签的实体和关系联合提取的方法，用单个模型同时提取实体及关系，有效地整合实体和关系的信息，实验证明，该方法已经取得了更好的结果[25]。目前，关系抽取的主要研究方向为通过机器学习的方法来得到关系特征[26]。机器学习的方法可以根据对标注数据依赖程度的不同分为监督学习、无监督学习、半监督学习和面向开放域的方法[27]。基于监督学习的关系抽取方式是机器学习中最依赖人工标注数据的方式,主要利用分类的思想,通过最大熵分类器、条件随机场等分类方法实现关系抽取,并且取得了很好的效果。基于半监督学习的关系抽取方式通过部分人工标注好的数据,进行迭代的模式识别工作来完成关系的抽取,减少了对标注数据的依赖。基于无监督学习的关系抽取需要处理大规模的数据,通过聚类的方法进行关系的抽取[28],其准确率的评估具有主观性。面向开放域的关系抽取方式需要借助开放知识库来完成,通过百科文本类的对齐实体关系来获得训练的数据进而实现关系抽取的任务。

3. 实体链接技术

实体链接的早期研究思想是根据实体所在的文本上下文表述指向其代表的真实世界实体并关联到对应的知识库具体实体中[35]。然而,实体别名的存在和实体的上下文表达的模糊性使得实体链接任务具有挑战性。目前实体链接任务中使用最多的有基于概率生成模型的方法、基于主题模型的方法、基于图的方法和基于深度学习方法等[36]。基于概率生成模型的方法通过计算实体间的相似性来判断实体之间是否匹配;基于主题模型的方法通过计算实体与文档中的词的主题分布的相似性来进行匹配,该方法适用于长文本的实体链接任务,是一种特殊的概率统计方法;基于图的实体链接方法将实体视为图的节点,实体间的距离作为关系建立实体相关图,通过随机游走的方式对图中的候选实体进行排序,得到链接推荐结果,目前,有部分研究把待查询名称与已有的大型知识库相映射,将映射的实体作为候选实体,也有一部分研究人员通过名称映射表生成候选实体;随着深度学习的发展,通过基于注意力机制的 LSTM 模型、深度语义匹配等模型越来越多地使用在实体链接任务中。

上述候选实体生成过程中,如果一个指称实体有多个候选实体,则需要消歧。实体消歧的主要算法为聚类,常用的方法有词袋模型、语义模型、社会网络模型、百科知识模型四种,旨在计算指称与实体对象的相似度。词袋模型考虑词的权重,并且词的权重与该词在文本中出现的频率相关。它将词进行向量化,向量化完毕后通过使用 TF-IDF 进行特征的权重修正,再将特征进行标准化,计算指称与实体的距离后找到最相近的实体,该方法在精度上有很大的提升,但是没有考虑语义信息,不适用于分析短文本。语义模型在词袋向量的基础上添加了一部分的语义特征,该特征与词袋向量相结合可以提高精确度。百科知识模型中,基于维基百科的方式来进行实体消歧的效果是最好的,但是,百科知识库的实体数量也是有限的。

4. 知识图谱的存储

知识图谱的存储不依赖于固定的底层结构,通常需要针对不同的数据形式以及应用的需求采用不同的底层存储。本节重点介绍知识图谱的两种存储方式：RDF 数据存储[29]和图数据库存储。

RDF 存储也称为三元组存储，是针对三元组格式的数据专门设计的数据存储方式。RDF 存储又可细化为三元组表、水平表和属性表存储三类，主要依赖于关系数据库进行存储。三元组表存储将三元组划分为主、谓、宾三列，语义比较明确且结构很简单，但是由于三元组表中存在大量的自链接操作，所以三元组表的存储方式会造成较大开销。水平表存储按主语进行水平划分，将一个主语对应的谓语和宾语存储为一条数据，该存储方式可以有效提高数据检索效率，减少表锁的发生。属性表存储将相似的主语存储为一个表，表中行数表示实体数量、列数表示属性的数量。

图数据库存储即将知识图谱以图结构进行存储的数据存储方式[1]。常见的图数据库有 Neo4j 图数据库、FlockDB 图数据库和 InfiniteGraph 图数据库等。其中，Neo4j 是目前最常用的图数据库。它以图形结构进行数据的存储，每一个节点表示一个实体，实体与实体之间通过关系来连接，并且实体与关系都通过属性进行描述。Neo4j 数据库以图拓扑结构存储数据，有效地解决了关系数据库对半结构化或非结构化数据存储的问题。FlockDB 图形数据库是 Twitter 公司针对分析关系型数据任务而构建的。与其他图形数据库相比，FlockDB 具有简洁性的特点。InfiniteGraph 图数据库是通过 Java 语言开发的分布式图数据库，目前被美国中央情报局以及美国国防部所使用。

12.1.3　移动终端威胁情报本体的构建

在信息安全领域，传统的研究多专注于对威胁本身的分析。但是实际上，威胁情报、相关软件平台、漏洞涉及的代码以及开发该代码的工程师等之间具有丰富的关系。对这些关联信息进行分析也有助于对威胁情报进行分析。本体就是一种良好的组织这种关联信息的方法[30]。通过分析各大移动终端威胁情报库数据及分类，我们总结出图谱中本体的实体类型除漏洞外还包括软件、补丁、PoC 以及人和公司等相关类型，其定义如下所示：

$$移动终端威胁情报知识图谱 = \{Vulnerability, software, report,$$
$$company, person, evaluation, PoC, patch\}$$

其中，公式中的每一项都是移动端威胁情报知识图谱中的本体，包括漏洞、软件、情报信息、公司、相关人员、评价标准、PoC 以及补丁等信息。知识图谱中每一项本体都有自己的属性，如漏洞包括漏洞名称、漏洞编号、漏洞代码等属性；软件包括软件名称、软件功能、CPE 编号等属性。表 12-1～表 12-3 所示了漏洞、软件及补丁的所有属性并对属性进行了解释。

表 12-1　漏洞属性列表

漏洞属性	Type	漏洞分类（按漏洞位置划分）
	CNNVD_ID	CNNVD 编号
	CNVD_ID	CNVD 编号
	Availability	可用性
	Attack_way	攻击途径
	Attack_complexity	攻击复杂度
	Certification	是否需要进行认证
	Confidentiality	保密性
	Hazard_level	危害等级
	Integrity	完整性
	NVD_ID	CVE 编号
	Name	漏洞名称
	Vul_attachment	附件信息
	Vul_score	漏洞评分
	category	漏洞分类（按平台划分）
	description	漏洞描述
	lastModifiedDate	最后修改日期
	publishedDate	漏洞发布日期
	references	参考链接
	specific_category	漏洞分类（按行业划分）

表 12-2　补丁属性列表

补丁	CNVD_ID	CNVD 编号
	data_time	发布时间
	data_type	数据类型
	description	补丁描述
	patch_attachment	附件信息
	patch_id	补丁编号
	patch_link	下载链接
	patch_opinion	审核意见
	patch_status	审核状态
	title	补丁名称
	url	文章来源

表 12-3　软件属性列表

软件	Files	包含的文件
	Language	编程语言
	malicious	是否恶意
	Resourse	是否开源
	Features	功能
	Description	软件描述
	Aim	目标类型
	version	版本号
	os	所操作系统
	name	软件名称
	url	软件下载地址

12.1.4　移动端威胁情报知识图谱架构

移动端威胁情报知识图谱通过 NVD、CNVD、Exploit-DB 等相关威胁情报库数据以及 Freebuf 等威胁情报新闻信息构建而成。由于结构化数据较多，所以本章采用自顶向下的方法[31]构建知识图谱，威胁情报知识图谱构建流程如图 12-2 所示。

首先根据需求以及已经获得的移动端威胁情报数据来构建漏洞图谱本体概念，包括漏洞、软件、漏洞评估标准和补丁等领域本体，同时还有公司、人物等非领域本体。之后按照移动终端威胁情报的本体概念，从各个数据源中抽取所需信息。通过知识融合可以消除重复情报信息，将抽出的分散的信息融合到同一个图数据库中形成初步的知识图谱。当数据源中的信息增加时，移动端威胁情报图谱会将新增信息通过以上步骤抽取知识并融合到数据库中，所以移动端威胁情报知识图谱中的知识呈动态增加趋势。

移动端威胁情报知识图谱构建过程中，分别采用卷积神经网络（Convolutional Neural Networks，CNN）以及 TF-IDF 算法进行短文本属性以及漏洞标签等属性的提取。CNN 是常用的深度学习算法，在图像和文本分类等任务中成果显著。图 12-3 为卷积神经网络算法流程图，算法分为输入层、卷积层、池化层和全连接层。输入层为通过嵌入算法得到的文本向量矩阵表示，矩阵的行数表示文本单词个数，矩阵的列数为嵌入后的维度。卷积层中卷积核的大小会直接影响分类器的训练效果，卷积核过大会引入噪声、过小则特征提取不完整。因此，本文设置窗口尺寸大小为 2、3、4 以及 3、4、5 的两组卷积核进行实验，通过卷积窗口滑动得到相应的 Feature Map。池化层常见的池化操作有平均池化（Average Pooling）和最大池化

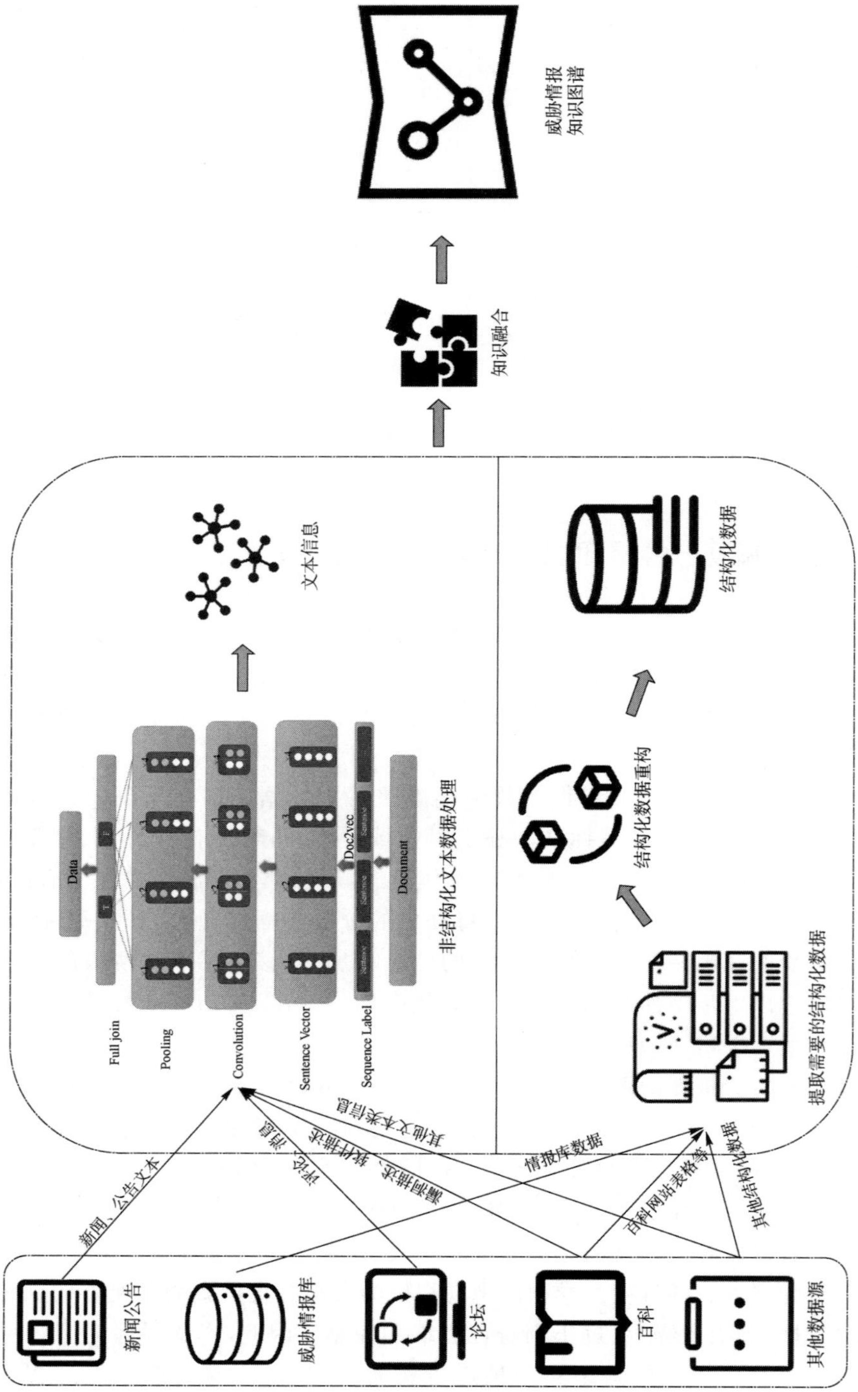

图 12-2　威胁情报知识图谱构建流程图

（Max Pooling），主要目的是去除冗余信息，减少内存消耗，降低特征维度。其中，平均池化将特征平均值作为池化后的取值；最大池化通过选取特征值中的最大值作为池化后的取值。全连接层中每一个节点都连接池化层输出的一维特征节点，目的是将提取的所有特征综合起来，起到分类器的作用。

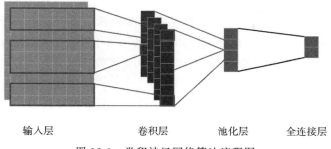

输入层　　　　　卷积层　　　　池化层　　　　全连接层

图 12-3　卷积神经网络算法流程图

除了短文本属性，还通过 TF-IDF 算法为每个威胁情报进行标签的提取。TF-IDF 是文本数据挖掘、文本分类等任务中常用的一种基于统计的算法，通过评估每个单词在文档中的重要程度来提取关键词。TF-IDF 的思想主要是：一个词的重要程度通过它在文件中出现的频率或次数得以体现，随着出现的频率增长，其重要程度上升。

$$\mathrm{tf}_{i,j} = \frac{n_{i,j}}{\sum_k n_{i,j}}$$

式中，$n_{i,j}$ 表示第 i 个词在第 j 个文件中出现的次数；k 表示语料库中文件的个数；$\sum_k n_{i,j}$ 表示第 j 个文件中所有的词出现次数之和。

$$\mathrm{idf}_i = \log \frac{|D|}{|\{j : t_i \in d_j\}| + 1}$$

式中，idf_i 表示第 i 个词的普遍重要性度量，即第 i 类的逆文档频率，其中 $|D|$ 表示语料库中包含文件的总数，$|\{j : t_i \in d_j\}|$ 表示包含第 i 个词的文件总数。

$$\mathrm{tfidf}_{i,j} = \mathrm{tf}_{i,j} \times \mathrm{idf}_i$$

式中，$\mathrm{tfidf}_{i,j}$ 值表示第 i 个词的重要程度，通过计算所有词的重要程度并进行排序可以提取文档中的关键词。

12.2　移动终端威胁情报典型应用

12.2.1　移动终端系统安全威胁影响范围推理

知识推理本质上是通过知识图谱中保存的已知数据来推理出新的未知数据的

方式。知识推理技术是知识图谱发展过程的衍生技术，目的是对知识图谱数据的扩充以及识别错误数据。知识推理技术可以细分为基于逻辑的知识推理技术、基于规则的知识推理技术以及基于分布式的知识推理技术等。其中，基于规则的知识推理技术是目前最常用的方法，通过构建推理规则来挖掘实体之间潜在的路径。在一些相对复杂的知识推理任务中，基于规则的推理方式根据知识图谱中知识推理区域的不同可分为基于局部结构的规则推理和基于全局结构的规则推理两部分。当推理任务针对知识图谱中局部知识时采用基于局部结构的规则推理方式来减少算法的代价；当推理任务针对知识图谱中全部数据时采用基于全局结构的规则推理方法。

通过 13.1.3 节可知，知识图谱中包含漏洞及与漏洞相关的软件、补丁等数据同时还包含大量的关系型数据，而知识推理算法可以通过漏洞以及相关的知识推理出新的关系，所以本节采用一种基于全局结构的规则推理方法，PRA（Path Ranking Algorithm，路径排序算法）算法。PRA 算法将路径添加到特征空间，通过随机游走的方式预测漏洞及其他实体间是否存在关系路径。图 12-4 通过两个漏洞实体及相关数据说明 PRA 算法的预测过程：①设定目标关系"Scope Of Influences"；②找出含有目标关系的正例三元组（VUL_1，Software）、（VUL_2，Software）；③替换正例三元组中的头尾节点以构建负例三元组（VUL_1，News）、（VUL_2，News）；④构建特征向量集合，通过随机游走的算法进行路径特征值的计算，并计算所有三元组的特征向量；⑤通过特征集合得到特征值并进行分类器的训练。

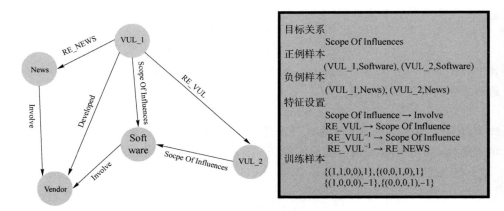

图 12-4　PRA 算法示例图

知识推理是知识图谱发展过程中衍生的一个重要关系挖掘技术，本节通过获取软件官方网站的依赖关系来丰富漏洞库中实体间关联关系种类。目前，漏洞图谱包含 1 245 157 个实体和 19 565 923 个三元组。

本节分析实体之间的关联路径得出：两个三元组，(A，具有漏洞，C)(A，相似

产品,B),那么 B 和 C 之间的关系是(相似产品$^{-1}$,具有漏洞)。上述分析方式与
PRA 通过随机游走的方式计算概率估计关联路径方式相似,该路径不会根据路径
长度更改行走策略,但是长距离会影响两个实体的关联性,意味着存在更多可能影
响漏洞传播的项目。因此,本节在路径上添加权重,在 PRA 算法的基础上通过考
虑路径长度的权重进行算法优化。其中,权重值随着路径的增加而减小。图 12-5
为"脏牛"漏洞推理路径示例,由图可知,CVE-2016-5195 影响范围包括 mm/gup.c
脚本,该脚本包含在 Linux kernel 2.6、Linux kernel 2.6.18 和 Linux kernel 2.6.32
三个内核中,而 Linux kernel 2.6 是 Google Andriod v1.1 的支撑内核,但是通过推
理发现,Google Andriod v1.1 系统不在 CVE-2016-5195 记录的影响范围内。

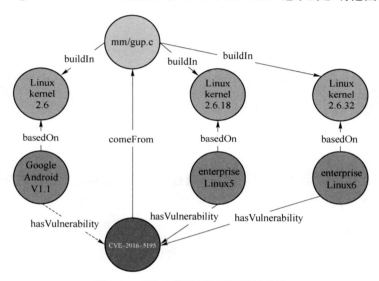

图 12-5　"脏牛"漏洞推理结果展示图

本节实验通过将漏洞图谱中 2 184 个 Linux 内核相关的漏洞的三元组构造为
正例三元组,通过随机替换三元组中的实体来构造负例三元组,以目标关系为"具
有漏洞"为例,计算可能的关系路径权重,随机取每个漏洞的影响产品列表的 1/3
作为测试集,并保留影响不超过 5 种产品的 CVE 漏洞的原始覆盖范围。

12.2.2　移动终端应用安全威胁关联性分析

在网络攻击活动中,攻击者通常会通过组合利用进行多种类型的攻击,逐层渗
透目标主机并获取其特权,以实现最终的攻击目的。本节将这些具有多个攻击步
骤的链路称为攻击链路。攻击链路的存在会使得组成该链路的安全漏洞被利用的
可能性极大增加,因此,本节通过分析系统中攻击链路的形成情况来实现安全漏洞
被利用的可能性预测。

图 12-6 为三个漏洞攻击链路的示例。其中,白色节点表示漏洞攻击事件,深色节点表示攻击所涉及的漏洞。攻击链路的漏洞与事件之间存在"涉及"关系,漏洞与漏洞之间的关系分为"合并"和"NEXT"两种。"NEXT"关系表示两个漏洞节点之间存在利用先后顺序;"合并"关系表示漏洞节点之间没有漏洞利用依赖关系。

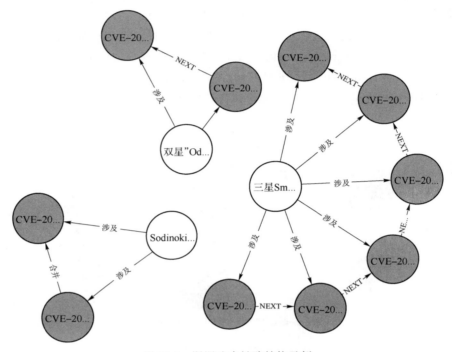

图 12-6　漏洞攻击链路结构示例

通过调研安全网站、安全公告等大量数据后发现,漏洞攻击链路相关数据极少,直接通过机器学习的方式在文本中挖掘攻击链路的方式行不通。攻击链路中通常会涉及多个漏洞,每个漏洞在特定的攻击步骤中实现特定的作用,比如提权、任意调用函数等。本节研究发现,在攻击链路中能够起到特定作用的漏洞不是唯一的,即多个漏洞之间存在可替代关系,它们能够在攻击链路中达到相同的作用。于是,我们首先采用分析的方法,通过阅读国内外大量漏洞攻击新闻及公告提取攻击链路;然后以文本中提取的攻击链路为基准,通过计算安全漏洞间的相似性进行攻击链路的扩展;最后添加攻击链路数据到移动端威胁情报知识图谱中。

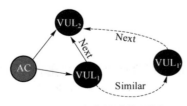

图 12-7　攻击链路扩展图

攻击链路扩展图如图 12-7 所示。其中,AC 表示攻击链路;VUL_1、VUL_2 为形成 AC 的两个漏洞;VUL_1' 表示与 VUL_1 相似的漏洞。通过该扩展方式,可得到由 VUL_1' 与 VUL_2 组成的一条新的攻击链路。

攻击链路分析算法的本质是通过实时监控系统中是否形成漏洞攻击链路进行态势预测,实时监控功能由漏洞扫描工具完成。图 12-8 为漏洞攻击链路分析流程图。

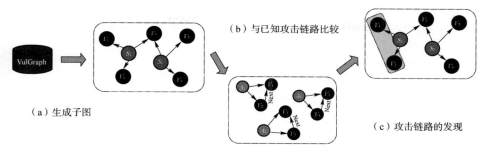

图 12-8　漏洞攻击链路分析流程图

图 12-9 为基于攻击链路进行态势预测流程图。基于攻击链路进行安全漏洞态势预测分为两部分:本地扫描及实时监听。首先对系统环境进行漏洞扫描,得到当前系统已存在的安全漏洞,然后通过实时监听软件下载情况,判断新下载软件包含的安全漏洞是否能与系统中已经存在的漏洞组合形成攻击链路。如果形成,则组成链路的安全漏洞可利用性增加,发出危险提示。

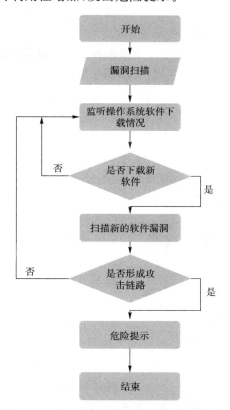

图 12-9　基于攻击链路进行态势预测流程图

本节综合分析国内外安全领域网站的新闻数据,如表 12-4 所示,共选择 8 个新闻网站作为攻击链路数据源,并提取初始攻击链路共计 51 条。

表 12-4　攻击链路数据源列表

攻击链路数据源
GitHub
FireEye
Ntoskrnl
安全客
阿里云
知道创宇
CNBlogs
安全牛

以初始提取的攻击链路中包含的安全漏洞为基准漏洞,从漏洞图谱中导出基准漏洞实体属性和关系组成漏洞子图谱,其中包含安全漏洞、安全漏洞影响的产品以及安全漏洞弱点三类实体属性及关联关系。为综合考虑关系、属性等语义信息,通过两步学习嵌入向量,即分别通过关系的视角和属性的视角进行向量的嵌入,然后将两个视角的向量综合在一起,使不同视角的语义互补,使得嵌入向量中包含全部实体的语义信息,最后通过余弦相似度计算与基准漏洞相似的安全漏洞。

Vtopia 漏洞扫描工具可以扫描系统及内核版本、软件名称及版本、存在的漏洞等信息。通过 Vtopia 漏洞扫描工具对 10 个基于 Linux 的开源操作系统进行本地漏洞扫描以及实时监测,预测系统安全漏洞可利用态势。

实验在 51 条攻击链路上进行预测,将攻击链路上的漏洞作为基准漏洞,通过相似度计算,发现有 21 个漏洞与基准漏洞相似的漏洞,并将相似漏洞通过枚举的方式替换基准漏洞进行攻击链路的扩展,新扩展的攻击链路为 56 条。以 MSF(微软)UPnP 本地提权攻击链路为例,该链路由 CVE-2019-1405 和 CVE-2019-1322 组成。其中,CVE-2019-1405 的相似漏洞有 CVE-2016-7255、CVE-2019-0803;CVE-2019-1322 的相似漏洞有 CVE-2019-0841、CVE-2019-1184,攻击链路扩展结果展示图如图 12-10 所示。

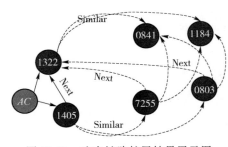

图 12-10　攻击链路扩展结果展示图

本节通过对 10 个操作系统进行监控,发现有 4 个操作系统中都存在同一条攻击链路。该攻击链路由 CVE-2019-9213 和 CVE-2019-8956 组成,存在于 Linux 内核中。攻击者可以首先利用 CVE-2019-9213 绕过权限设置,实现攻击者访问自由;再利用 CVE-2019-8956 实现系统文件写操作,成功修改被攻击文件代码并调用实现攻击。

参 考 文 献

[1] 朱国丞. 基于大数据平台的知识图谱存储访问系统的设计与实现 [D];南京:东南大学,2018.

[2] 石乐义,刘佳,刘祎豪,等. 网络安全态势感知研究综述 [J]. 计算机工程与应用,2019,55(24):1-9.

[3] EUGENE G J S. Citation indexes for science. A new dimension in documentation through association of ideas. 1955 [J]. 1955,122(3159):108.

[4] 刘峤,李杨,段宏,等. 知识图谱构建技术综述 [J]. 计算机研究与发展,2016,53(3):582-600.

[5] 徐增林,盛泳潘,贺丽荣,等. 知识图谱技术综述 [J]. 电子科技大学学报,2016,45(4):589-606.

[6] 叶子维,郭渊博,李涛,等. 一种基于知识图谱的扩展攻击图生成方法 [J]. 计算机科学,1-14.

[7] 李涓子,侯磊. 知识图谱研究综述 [J]. 山西大学学报(自然科学版),2017,40(3):454-9.

[8] 曹倩,赵一鸣. 知识图谱的技术实现流程及相关应用 [J]. 情报理论与实践,2015,38(12):127.

[9] WU T, QI G, LI C, et al. A survey of techniques for constructing Chinese knowledge graphs and their applications [J]. 2018,10(9):3245.

[10] 漆桂林,高桓,吴天星. 知识图谱研究进展 [J]. 情报工程,2017,3(1):4-25.

[11] SOWA J F. Principles of semantic networks:Explorations in the representation of knowledge [M]. San Mateo:Morgan Kaufmann,2014.

[12] YU Y-H, SIMMONS R F. Truly parallel understanding of text [M]. Richardson:Artificial Intelligence Laboratory,University of Texas at Austin,1990.

[13] Edward A. Felgenbaum,The Art of Artificial Intelligence:I. Themes and Case Studies of Knowledge Engineering[C]//proceedings of the International Joint Conference on Artificial Intelligence. San Francisco:Morgan Kaufmann Publishers Inc,1977.

[14] 张萌. 课程知识图谱组织与搜索技术研究 [D].武汉：武汉大学，2016.

[15] RAU L F，Extracting company names from text [C]//proceedings of the 1991 Proceedings The Seventh IEEE Conference on Artificial Intelligence Application.F，1991.

[16] Shenshouer. Neo4j [M]. 2016-5-9.

[17] 胡芳槐. 基于多种数据源的中文知识图谱构建方法研究[D]，上海：华东理工大学，2015.

[18] 李思珍. 基于本体的行业知识图谱构建技术的研究与实现[D]，北京：北京邮电大学，2019.

[19] 孙镇，王惠临. 命名实体识别研究进展综述 [J]. 现代图书情报技术，2010，6：42.

[20] 顾溢. 基于 BiLSTM-CRF 的复杂中文命名实体识别研究[D]，南京：南京大学，2019.

[21] 杨永贵. 中文信息抽取关键技术研究与实现 [D]，北京：北京邮电大学，2008.

[22] 温锐. 中文命名实体识别及其关系抽取研究 [D]，苏州：苏州大学，2005.

[23] RINK B，HARABAGIU S. UTD：Classifying semantic relations by combining lexical and semantic resources [J]. Proceedings of the 5th International Workshop on Semantic Evaluation，2010，256.

[24] LI Q，JI H. Incremental Joint Extraction of Entity Mentions and Relations [M]. Proceedings of the 52nd Annual Meeting of the Association for Computational Linguistics（Volume 1：Long Papers）. Baltimore，Maryland：Association for Computational Linguistics. 2014：402.

[25] ZHENG S，FENG W，BAO H，et al. Joint Extraction of Entities and Relations Based on a Novel Tagging Scheme [J]. 2017.

[26] 郭喜跃，何婷婷. 信息抽取研究综述 [J]. 计算机科学，2015，42(2)：14.

[27] 谢德鹏，常青. 关系抽取综述 [J]. 计算机应用研究，1-5.

[28] 郭剑毅，李真，余正涛，等. 领域本体概念实例、属性和属性值的抽取及关系预测 [J]. 南京大学学报(自然科学版)，2012，48(4)：383.

[29] Liu X，Thomsen C，Pedersen TB.3XL：An Efficient DBMS-Based Triple-Store[C]// proceedings of the 2012 23rd International Workshop on Database and Expert Systems Applications. Vienna：IEEE，2012：284-288.

[30] 高建波，张保稳，陈晓桦. 安全本体研究进展 [J]. 计算机科学，2012，39(8)：14.

[31]　孙僖. 垂直领域知识图谱构建的关键技术研究 [D]. 北京：北京邮电大学，2019.

[32]　张仲伟，曹雷，陈希亮，等. 基于神经网络的知识推理研究综述 [J]. 计算机工程与应用，2019，55(12)：8.

[33]　官赛萍，靳小龙，贾岩涛，等. 面向知识图谱的知识推理研究进展 [J]. 软件学报，2018，29(10)：2966.

[34]　Endsley M R. Toward a theory of situation awareness in dynamic systems [J]. Human factors，1995，37(1)：32-64.

[35]　李天然，刘明童，张玉洁，等. 基于深度学习的实体链接研究综述 [J]. 北京大学学报(自然科学版)，2021，57(1)：91.

[36]　吴晓崇，段跃兴，张月琴，等. 基于 CNN 和深层语义匹配的中文实体链接模型 [J]. 计算机工程与科学，2020，42(8)：1514.